江西师范大学博士文库专项资助成果

基于微纳米工艺技术的
新型光纤模式干涉器件原理与应用

罗海梅　李新碗　著

U0313104

科学出版社

北　京

内 容 简 介

本书论述了基于微纳米结构和尺度的新型光纤模式干涉器件的原理、建模、制备和特性，包括具有微纳米厚液晶涂敷层的长周期光纤光栅和局部弯曲的微纳米光纤模式干涉仪。应用四层模型分析了具有高折射率微纳米涂敷层的长周期光纤光栅中的模式迁移效应和调谐特性，采用刷涂工艺在 LPFG 表面制备了不同厚度的液晶涂敷层，利用模式迁移效应在实验上实现了 LPFG 的大范围热光/电光调谐；用阶梯近似法和直波导等效法分析了具有弯曲结构的锥形微纳米光纤的传输特性，理论研究并实验验证了基于此类结构的模式干涉仪传输谱的温度不敏感条件，实现了高灵敏度折射率传感和微位移传感。

本书可供从事光纤器件和光纤传感技术方面工作的科技人员和工程技术人员阅读，也可供高等院校相关领域的教师、高年级本科生和研究生阅读参考。

图书在版编目(CIP)数据

基于微纳米工艺技术的新型光纤模式干涉器件原理与应用/罗海梅，李新碗著. —北京：科学出版社，2017.3

ISBN 978-7-03-052238-2

Ⅰ.①基… Ⅱ.①罗… ②李… Ⅲ.①光纤器件-纳米技术-研究 Ⅳ.①TN253

中国版本图书馆 CIP 数据核字（2017）第 054910 号

责任编辑：周 涵 崔慧娟/责任校对：张凤琴
责任印制：张 伟/封面设计：耕者设计工作室

科 学 出 版 社 出版

北京东黄城根北街 16 号
邮政编码：100717
http://www.sciencep.com

北京虎彩文化传播有限公司 印刷

科学出版社发行 各地新华书店经销

*

2017 年 3 月第 一 版 开本：720×1000 B5
2019 年 1 月第四次印刷 印张：9
字数：98 000

定价：58.00 元

（如有印装质量问题，我社负责调换）

前　　言

　　微型化与集成化是近年来先进光子技术和器件的重要发展方向,微纳米工艺技术是实现光子器件微型化与集成化的基础。借助微纳米工艺技术,人们可以按照需求来设计制备具有优异性能的光纤微纳米结构和器件。同时,理论和实验的研究表明,随着功能结构尺度的减小,光纤器件的特性及性能等都表现出与传统宏观结构器件显著不同的特点。这些特异的物理性质具有广阔的实际应用和理论研究前景。

　　本书基于上述研究背景,从理论和实验上分析了两种具有代表性的基于微纳米尺度结构的新型光纤模间干涉器件,包括其模式与耦合特性以及相关微纳米工艺技术,详细研究和探讨了它们的工作原理、制备过程以及功能特性,同时通过与同类传统尺寸结构光纤器件的比较验证了基于微纳米技术的光纤模间干涉器件在性能上的优越性。本书的主要内容如下:

　　(1)介绍了两种颇具代表性的模间干涉型光纤器件及其相关微纳米加工工艺。一种具有代表性的模间干涉器件是光纤光栅,通过光纤表面和表层微纳米薄膜涂层工艺,可实现具有大范围可调谐特性的光纤光栅器件;另一种具有代表性的模间干涉器件是锥形光纤,通过微纳米光纤制备工艺,可以获得具有高灵敏度传感特性的锥形微纳米光纤器件。

　　(2)采用四层光纤模型理论分析了覆盖高折射率微纳米涂敷层的长周期光纤光栅的包层模特性,并通过耦合模理论对四层模型长周期光纤光栅谐振波长和频谱特性进行了分析;研究了谐振峰波长与涂敷层相关参数的关系,并分析了内包层厚度在提高长周期光纤光栅调谐范围方面的作用。

(3)从理论上深入分析了具有弯曲结构的锥形微纳米光纤中的模式耦合及干涉特性,建立了局部弯曲的锥形微纳米光纤的数学模型,为理论分析提供了所需的数学依据;并利用 Matlab 仿真工具采用数值分析法对不同弯曲半径下锥形微纳米光纤中的模式耦合进行了分析;详细阐述了基于局部弯曲的锥形微纳米光纤的模间干涉仪的工作原理,分析了弯曲锥形微纳米光纤的几何参数对输出干涉波形的影响,并给出了参数优化的原则。

(4)从实验上研究了覆盖微纳米液晶涂敷层的长周期光纤光栅的制备过程和大范围调谐特性。利用基于菲涅耳反射的折射率测量方法,对不同温度下的液晶折射率进行了测量和分析;采用简单的刷涂工艺在长周期光纤光栅表面制备了不同厚度的液晶涂敷层;通过实验研究了该光纤器件的热光特性和电光特性,并将仿真计算的结果与实验结果进行了比较。研究表明,覆盖约 800nm 厚度的液晶涂敷层的长周期光纤光栅在 58~60℃的温度范围内会出现模式迁移现象,在此区域内,该光纤器件对温度具有非常高的响应灵敏度,并且利用这一特性,设计并实现了在特定温度下的长周期光纤光栅的大范围电光调谐,最大调谐范围达到约 10nm。

(5)从实验上详细研究了基于局部弯曲的锥形微纳米光纤模间干涉仪的制备工艺和传感特性。利用实验室自制的微纳米光纤拉伸系统制备了具有不同锥长和束腰直径的微纳米光纤,并将其弯曲成一近似对称的 C 形弯曲结构形成模间干涉仪;详细研究了它们的温度特性以及折射率和微位移传感特性。理论和实验的研究表明,当弯曲的锥形光纤的束腰直径约为 1.92μm 时,该模间干涉仪的传输谱基本不受环境温度的影响。该光纤器件的环境折射率传感灵敏度和微位移传感灵敏度分别为 658nm/RIU (refractive index unit)和 102pm/μm。该器件可用于高灵敏度传感。

本书的研究工作得到国家自然科学基金项目"基于磁流体和单模-锥形多模-单模光纤的高灵敏度无热化全光纤电流传感器"(项目编号:51567011)、江西省科技厅对外合作基金项目"面向复杂应用环境的热稳定型磁控可调光纤梳状滤波器研制"(项目编号:20151BDH80060)的资助以及江西省科技厅科技支撑计划项目"面向食品安全检测的高灵敏度光纤生物传感器关键技术研究"(项目编号:20151BBG70062)的支持,在此表示感谢。在本书的写作过程中,上海交通大学的陈建平教授、邹卫文教授和周林杰教授给予了热情的指导和帮助,在此一并表示诚挚的谢意! 由于时间仓促,书中难免存在不足之处,恳请广大读者批评指正。

著　者

2016 年 10 月

目　　录

第1章　绪　　论

1.1　研究背景与意义

在光通信、光传感与光信号处理等领域,随着微纳米工艺技术的发展与成熟,各种微纳米光子器件应运而生。这些微纳米光子器件因具有体积小、集成度高以及性能好等优点越来越受到人们的青睐[1-3]。微型化和集成化已成为当今科技发展和器件开发的主要研究方向之一[4]。集成光子器件可以代替传统器件应用于光通信、光存储、信号处理、传感等系统,是实现未来集成光子芯片的基础。目前,大部分无源光器件与有源光器件都可以在集成光子芯片上实现,包括滤波器、电控或光控交换网络、光源、调制器、光电检测器等。在光纤通信的发展道路上,可集成光子器件的兴起有着巨大的意义,成为光纤器件发展的一个重要方向[5]。

基于模间干涉(modal interference,MI)的光纤器件,因具有结构紧凑、插入损耗低、制作工艺简单和成本低等特点受到国内外研究者的广泛重视[6-11],与传统的光纤器件相比,模间干涉型光纤器件更容易实现与光通信、光纤传感等系统的集成,且适合于密集波分复用(DWDM)通信系统,其应用前景非常广阔。

光纤模间干涉器件的工作原理就是光纤内传输的各模式之间的相

互干涉[6]。从几何光学的观点来分析,各种不同模式的光是由于光在进入光纤时的入射角不同而造成的。这些不同模式的光在相同长度的光纤中传播时,由于其传播的速度不一样,会产生不同的光程差,因而引起模式之间的干涉效应。目前,在单模光纤中,实现模间干涉的方法主要包括光纤光栅技术[12]、光纤纤芯的不对准熔接[13,14]、光纤纤芯模场的不匹配熔接[15]和光纤熔融拉锥技术[16,17]等。

随着对光纤模间干涉技术的广泛研究,各种基于模间干涉的光纤器件越来越多地涌现出来,其应用领域也日益广泛。在光纤传感应用领域,光纤模间干涉器件的干涉光谱随外界参量的改变而发生变化,通过探测这些变化,可以测量如温度[18-25]、应变[19,25-29]、位移[30-32]、液体折射率[33-35]、液体浓度以及pH[36]等参量的变化;在光纤激光系统应用领域,光纤模间干涉器件可以被用来制作光纤激光器[37,38]、光纤滤波器[39]和带通滤波器[40,41]等;在通信领域,光纤模间干涉器件主要应用在WDM方面[39,42]。

近年来,作为当今高技术发展的重要领域之一的微纳米工艺技术高速发展为具有微纳米尺度和结构的新型光纤器件的研究和实现提供了条件。微纳米工艺技术是实现功能结构、器件以及系统微纳米化的基础[43]。当材料或结构的尺寸进入微纳米尺度时,其表现出许多与宏观尺度下不同的物理及光学特性,基于这些新特征,研究者研制开发出了多种新型微纳光子学器件。因此,利用微纳米工艺技术设计并实现结构紧凑且性能优良的新型光纤模间干涉器件,同时探索这些新型光纤器件独特的物理性质和器件功能及其可能的应用领域,成为今后一个值得研究的课题。

1.2　典型光纤模间干涉器件的研究现状与发展趋势

模间干涉可以是普通光纤中基模与高阶模之间的干涉,也可以由保偏光纤中的两个偏振模式之间形成[6]。本书讨论前一种形式的模间干涉。

理想情况下普通的单模光纤只能传输单个模式,但有时为了获得某些特殊用途的光纤器件,往往人为制造结构上的扰动,使光纤中出现多个模式的耦合与干涉,比如我们常见的光纤光栅和锥形光纤。

1.2.1　典型光纤模间干涉器件一:光纤光栅

自 20 世纪 80 年代以来,研究人员对光纤光栅的工作原理、光谱性质和应用领域等方面进行了深入的研究。根据不同的分类方法可将光纤光栅分为如下几类[12]:

(1)按光栅周期进行分类可分为:光纤布拉格光栅(FBG)和长周期光纤光栅(LPFG)[12]。通常情况下,周长小于 1μm 的光栅可称为 FBG;而周期在几十到几百微米之间的称为 LPFG。FBG 的原理为传输方向相反的模式间耦合;LPFG 的原理为纤芯基模和包层模之间的耦合[12]。

(2)按光纤的材料进行分类可分为:在普通石英光纤上写入光栅[12],在塑料光纤[44]以及光子晶体光纤[45]中写入光栅等。

(3)按光栅的轴向折射率分布可分为:均匀光纤光栅、啁啾光纤光栅和高斯变迹光栅等[12]。均匀光纤光栅的光栅周期及折射率调制大小都为常数;啁啾光纤光栅的光栅周期大小是沿着轴向逐渐变化的;高斯变迹光栅的折射率沿轴向的折射率变化为高斯函数[12]。

（4）按光栅形成的机理可分为：利用掺锗光纤的光敏特性形成的光纤光栅；利用弹光效应形成的光栅[12]。

作为一种传输型带阻滤波器件，LPFG 的谐振波长有多种调谐方式，主要包括：

（1）机械调谐：利用光纤光栅的谐振波长对应力的敏感性，可以采用不同的应力方式来实现波长调谐功能，这些应力方式包括横向应力、纵向应力和扭转应力等[12]。

（2）热光调谐：由于材料折射率会随温度的变化发生改变，基于这一特性，可以在光纤光栅表面涂上一层热光材料或镀膜来实现波长调谐[46]。

（3）电光调谐：基于电光材料的折射率随电场变化发生改变的特点，在光纤光栅表层涂上电光材料来实现波长调谐[47]。

（4）磁光调谐：磁性材料具有折射率随磁场改变而变化的特点，利用这一特性，在光纤光栅的表面覆盖磁性材料可以实现波长调谐[48]。

基于 LPFG 的应用大多是利用其对环境或包层折射率的感应特性，因此如何改善其结构从而提高其对环境或包层折射率的感应灵敏度，成为新型光栅器件研究的主要发展方向之一。

近年来，人们提出了一些新的 LPFG 结构[49-51]，主要有以下几类：

（1）利用腐蚀法减小 LPFG 的包层厚度[49]。

通过减小 LPFG 的包层厚度，进而提高 LPFG 对环境或包层折射率变化的灵敏度。

（2）利用微纳米薄膜工艺在 LPFG 表面镀一层微纳米厚度的高折射

率层[50]。

在 LPFG 的表面引入一高折射率层后,当环境的折射率发生改变时,LPFG 中的包层模会出现模式迁移现象,在模式迁移区域内,LPFG 对环境折射率变化的响应灵敏度大大增加。

(3)在 LPFG 表层覆盖一层微纳米高折射率层,同时减小 LPFG 包层的厚度[51]。

同时利用上述两种方法,更大可能地提高 LPFG 对环境折射率变化的响应灵敏度。

1.2.2　典型光纤模间干涉器件二:锥形光纤

锥形光纤可以通过熔融拉锥的方法来制备。根据腰区直径与锥形过渡区的比值,可将锥形光纤分为突变锥和缓变锥[52]。突变锥的锥形过渡区域比较陡峭,而缓变锥的锥形过渡区域较为平缓。光纤引入锥区后,光纤中传输的模式会发生相应的变化,不同模式间出现耦合干涉,利用这一特性,可以制作多种光器件[52]。

(1)Michelson 干涉仪:锥形光纤 Michelson 干涉仪的制作方法是在一根标准单模光纤上制作一个突变锥,并在光纤尾端镀金作反射镜,如图 1-1 所示[34]。其反射光谱为干涉谱,该结构可用于液体折射率传感,灵敏度大约为 29nm/RIU。

(2)Mach-Zehnder 干涉仪:锥形光纤 Mach-Zehnder 干涉仪的制作方法是在一根单模光纤上用熔拉法形成一个 S 形的突变锥,如图 1-2 所示[53]。这种干涉仪结构可以应用于折射率传感和应力传感,其传感灵敏度最高分别为 1590nm/RIU 和 60pm/microstrain。

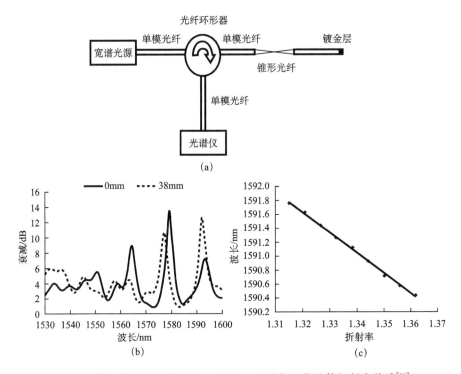

图 1-1　单根单模光纤构成的 Michelson 干涉仪用作液体折射率传感[33]

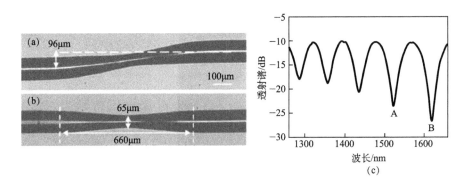

图 1-2　单光纤 S 形突变锥 Mach-Zehnder 干涉仪[53]

（3）窄线宽可调滤波器：锥形光纤窄线宽可调滤波器的实现方法是在掺镱环形光纤激光器（图 1-3）上连接一个含有缓锥区的锥形光纤，以锥区长度的变化来实现 20nm 的连续调谐[54]。

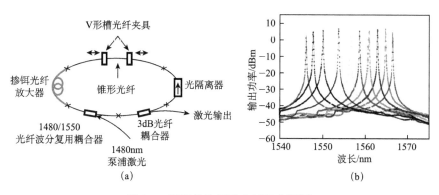

图 1-3 可调掺镱环形光纤激光器[54]

(4)模式滤波器:锥形光纤模式滤波器的制作方法是在单模光纤上拉制一个锥形区(图 1-4),将高阶模式滤除,实现稳定的光纤单模化操作[55]。经过这种光纤模式滤波器的激光非常稳定,即使光纤发生弯曲,其输出的光斑也可以保持原样[55]。

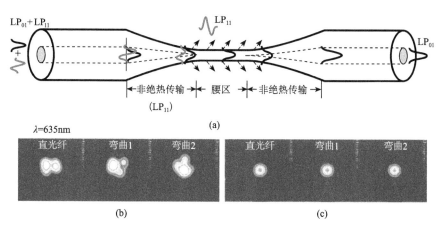

图 1-4 锥形光纤模式滤波器[55]
(a)锥形光纤对光波模式的影响;(b)拉锥前;(c)拉锥后

上述研究表明,锥形光纤在光纤传感和光纤激光器中都有着良好的特性[52]。

近年来,通过高温物理拉伸的工艺方法获得的具有低损耗、强倏逝场以及色散参量可调等优点的锥形微纳米光纤及其相关器件成为国内外研究的热点。高灵敏度新型锥形微纳米光纤传感器件的设计与实现也成为当今光纤传感技术研究的一个重要领域。

1.3　实现新型光纤模间干涉器件的微纳米工艺技术

微型化是光纤器件研究和发展的趋势之一。实现器件功能结构微纳米化的基础是先进的微纳米工艺技术。本书将新型光纤模间干涉器件制备中的微纳米加工技术归纳为以下两类,进行概括性介绍。

1.3.1　光纤表面和表层微纳米薄膜工艺

1. 刷涂和浸涂

刷涂方法是使用干净的毛刷或棉签蘸取纳米涂料涂抹在光纤表面。用毛刷或棉签顺着一个方向轻柔快速刷涂(应避免来回迅速刷涂)。一般来说,涂抹的次数越多,涂层的薄膜厚度越厚。

浸涂(dip-coating)是指在适当的温度和湿度下,将待加工的光纤浸没在准备好的液体溶剂中,经过一定时间后再将光纤以一定的速度抽取出来。在这个过程中有五个关键性步骤:浸没、抽取、液体涂层形成、晾干以及溶剂挥发(图 1-5)。这种工艺形成的薄膜厚度和许多参数有关,包括抽取速度、固含量以及液体的黏度。

刷涂和浸涂的方法在操作前应除去光纤表面的涂敷层,且保持光纤表面干燥、无水、油污或其他杂质。

这两种方法是最普遍和简便的方法,对操作人员的技术要求不高,成本也相对低廉,但是难以精确控制薄膜的厚度。

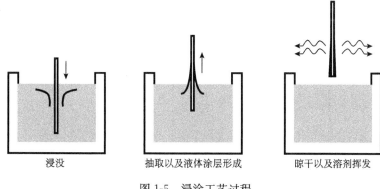

图 1-5 浸涂工艺过程

本书中利用刷涂法在光纤光栅的表面制备了厚度从几十纳米至几百纳米的液晶薄膜层(图 1-6)[50]。

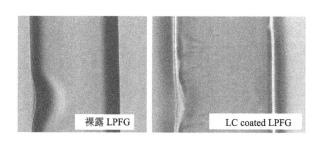

图 1-6 裸露的 LPFG 和覆盖微纳米液晶涂敷层的 LPFG 的 CCD 照片[50]

2. 热蒸发法

热蒸发法制备金属薄膜材料是基本的薄膜制备技术。这种方法是将固体材料置于真空容器内,在真空条件下,把固体材料加热蒸发,蒸发出来的固体材料的原子或分子自由地弥散到容器的器壁上,当把光纤材料放在容器中时,蒸发出来的原子或分子就会吸附到光纤表面并形成一层薄膜。根据蒸发源不同,真空热蒸发镀膜法又可以分为以下四种:电阻蒸发蒸镀法;电子束蒸发源蒸镀法;高频感应蒸发源蒸镀法;激光束蒸发源蒸镀法[56]。

蒸发镀膜,要求从蒸发源出来的蒸气分子或原子到达光纤的距离小于镀膜室内残余气体分子的自由平均程,这样才可以保证蒸发物的蒸气分子能无碰撞地到达光纤表面,从而保证薄膜的纯净度和牢固性,而蒸发物也不至于氧化。

3. Langmuir-Blodgett 成膜技术

Langmuir-Blodgett 膜(LB 膜),由一层或多层在液体表面沉积的有机物材料单分子膜通过提拉或吸附等方法转移到固体表面上形成[57]。由于每个单分子膜的精确厚度是已知的,而单分子膜通过提拉等方法在相应的固体表面形成 LB 膜,因此该 LB 膜的厚度便可以通过所沉积的各层单分子膜的厚度进行相加得出[57]。

在光纤表面制备 LB 膜目前主要采用垂直提拉法。如图 1-7 所示,采用合适的机械装置将固定好的光纤垂直插入具有单分子膜的亚相,在垂直方向上移动,使得单分子膜附着在光纤上形成单层或多层膜[58]。

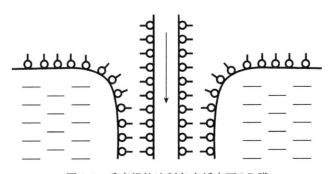

图 1-7　垂直提拉法制备光纤表面 LB 膜

制备 LB 膜的另一种方法是水平附着法(图 1-8)。首先将经过处理的光纤基体和单分子膜接触;接着用一个挡板放在紧靠在挂膜基片的左边,用它刮去残留在光纤基体周围的单分子膜;然后再将挂膜基片从亚相上慢慢提起,以上步骤重复多次便可获得多层 LB 膜[58]。

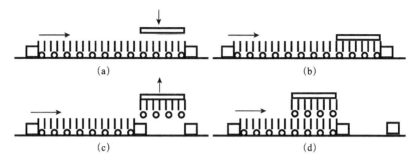

图 1-8　水平附着法制备 LB 膜

LB 膜制膜过程简单且膜厚度可精确控制[57]。但是由于膜沉积在基片(光纤)上时的附着力是分子间的范德瓦耳斯力,属于物理键力,因此模的机械性能较差,且化学稳定性、热稳定性较差。

在光纤器件的制备中,主要是应用 LB 成膜技术在光纤的表面制备聚合物 LB 膜[57]。英国克兰菲尔德大学 G. J. Ashwell 课题组在一根侧边抛磨的光纤表面积淀了一层约 3nm 厚的聚合物薄膜,该装置被用做光学滤波器[59]和化学传感器[60]。另外,K. Skjonnemand 等在长周期光纤光栅的表面用垂直提拉法制备了厚度从几十纳米至几百纳米的高折射率(~1.57)LB 薄膜,并通过实验观察了长周期光纤光栅的谐振峰波长随薄膜厚度变化的情况[61]。

4. 静电自组装成膜技术(electrostatic self-assembly (ESA) deposition technique)

ESA 成膜主要是利用电荷组分子之间的作用力[62]。相反电荷组分子之间的吸引力使得膜一层一层增长,而相同电荷组分子之间的排斥力又可以防止膜层吸附量无限制增加,膜增长会在一定条件下达到饱和[62]。静电自组装膜的制备过程如图 1-9 所示。

虽然这种膜的有序性比不上 LB 膜,但由于其具有结合强度高,稳

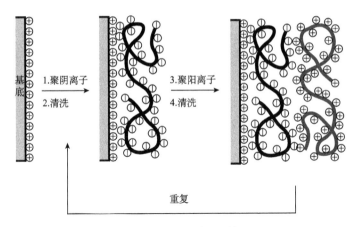

图 1-9　静电自组装膜的制备过程

定性好,制备简单,无毒无污染,层数不限,单层厚度可控以及可引入多种化合物等特点,近年来已被广泛应用。

西班牙那瓦拉公立大学的 I. D. Villar 等利用静电自组装成膜技术在长周期光纤光栅的表面成功地制备了厚度约为几百纳米的高折射率薄膜[63]。该薄膜可大大提高光纤光栅作为传感器的灵敏度。

1.3.2　微纳米光纤的加工工艺

微纳米光纤的加工方法常见的有两种:化学腐蚀法和物理熔拉法。其中,物理熔拉法是采用最为广泛的方法。

1. 化学腐蚀法

氢氟酸(hydrofluoric acid,HF)腐蚀法是利用一定浓度的氢氟酸对光纤材料的腐蚀性来获得微纳米光纤[49]。将一定浓度的氢氟酸溶液装在一个特制容器里,溶液上方可用油脂密封。如图 1-10(a)所示,将剥去涂敷层的干净光纤的中间部分浸入腐蚀液中,经过一段时间,得到如图 1-10(b)所示的微纳米光纤。

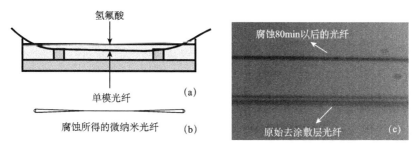

图 1-10 (a)HF 腐蚀法制作微纳米光纤;(b)腐蚀所得微纳米光纤;
(c)原始单模光纤和腐蚀后光纤的比较

HF 腐蚀法制备的微纳米光纤可控性和重复性比较好,但是这种方法腐蚀之后的光纤表面很粗糙,易断裂,且整个工艺制备过程所需的时间长,加之氢氟酸具有很强的毒性,因此不便于操作。

2. 物理熔拉法

物理熔拉法就是将普通光纤加热至熔融状态,然后采用拉伸的方法将普通光纤拉伸至亚波长甚至纳米量级。

2003 年,童利民课题组首先展示了用两步法制备亚波长直径的微纳米光纤[64]。其制备方法如下:①首先用酒精灯将普通单模光纤加热至熔融状态,接着将光纤拉伸直至几微米;②把前面一步已经变细的光纤绕在直径约为 $100\mu m$ 的蓝宝石棒的尖端,再次熔融拉伸,便可得到直径约为亚波长甚至纳米量级的超细光纤(图 1-11)[64]。用这种方法制备的微纳米光纤具有非常好的均匀性,其均匀度可达到 0.1%。

随后,童利民提出了一种简化的微纳米光纤拉制方法,即直接拉伸法[65]。其拉制过程如图 1-12 所示。首先将块状玻璃材料加热至熔融状态,然后用加热的宝石棒插入玻璃材料中蘸取少许玻璃物质并快速拉伸,这样在宝石棒的端头处就得到了细长的微纳米玻璃线。但由于这种方法的可控性和可重复性都不好,因此未被广泛使用。

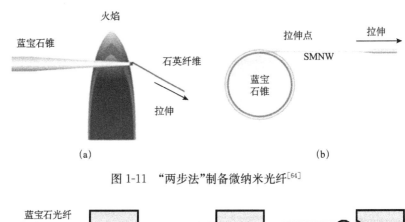

图 1-11 "两步法"制备微纳米光纤[64]

图 1-12 从块状玻璃材料中直接拉制微纳米光纤[65]

为了能够精确控制微纳米光纤的拉伸过程,南安普顿大学的 G. Brambilla 等采用了精密移动的机械来拉制微纳米光纤(图 1-13),同时他们还采用异丁烷的火焰来加热熔融光纤,从而克服了用酒精加热对光纤产生的污染[66]。这样可以获得可重复性高且直径非常小的微纳米光纤,其最细直径可以达到 320nm,而损耗可减小至 0.01dB/mm[66]。

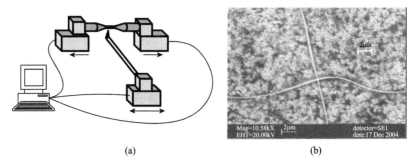

图 1-13 G. Brambilla 采用异丁烷火焰加热法制备微纳米光纤[66]

物理拉伸微纳米光纤的另外两种方法是 CO_2 激光加热法[67] 和电加热法[68]。如图 1-14 所示，CO_2 激光束经 ZnSe 透镜聚焦后由反射镜投射到光纤上，将该光纤加热熔融后进行拉伸，这就是通过 CO_2 激光加热法制备微纳米光纤的方法。该方法制备的微纳米光纤直径约为几个微米。

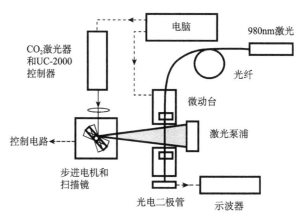

图 1-14　CO_2 激光加热法示意图[67]

CO_2 激光加热法制备微纳米光纤的优点是可以通过反射镜精确控制加热区的尺寸，从而精确控制所得微纳米光纤的形状。然而这种方法的成本较高。相比之下，电加热方法制备微纳米光纤就大大降低了制作的成本[68]。但或许是由于电加热不够均匀且传热速度比较慢，光纤在拉伸的过程中易断裂。

1.4　本书的研究思路与主要研究内容

1.4.1　研究思路

光纤光栅和锥形光纤作为两种具有特殊光学性能的模间干涉型光纤器件已经得到了广泛的重视和研究，各种基于光纤光栅和锥形光纤的光子器件相继问世。同时,微纳米加工技术的高速发展为以光纤光栅和锥形光纤为基础的新型光纤模间干涉器件的研究创造了机会。由于材料与结构在微纳米尺度展现出许多不同于宏观尺度的新特征,这为我们改进具有传统尺寸结构的相关光纤器件的某些性能开启了新的思路。

1. 覆盖微纳米高折射率涂敷层的长周期光纤光栅的大范围调谐技术

利用光纤表面和表层微纳米薄膜工艺,我们可以在长周期光纤光栅表面涂上一层厚度为微纳米量级的高折射率层。通过合理优化该涂敷层的折射率和厚度等相关参数,光纤光栅的包层模模场将重新分布,部分包层模将迁移至微纳米涂层中进行传输,同时光纤光栅的谐振峰波长产生一个显著的漂移,出现模式迁移现象。基于这一特性,我们通过改变微纳米涂敷层的折射率实现长周期光纤光栅的大范围调谐。

2. 基于锥形微纳米光纤模间干涉仪的高灵敏度传感技术

利用微纳米光纤加工工艺,可以获得不同结构尺寸的锥形微纳米光纤。这些锥形微纳米光纤具有普通光纤无法比拟的特性。光在这种新波导中传播时,有一部分能量以倏逝场的形式在空气中传播,而且光纤的直径越小,在空气中的能量越多。锥形微纳米光纤的这一特性可用于高灵敏度折射率传感。另一方面,锥形微纳米光纤具有很好的柔韧性,可以有很小的弯曲半径而不至于断裂,且对外界微小的力或位移信号非常敏感。这一特性也可以应用于微位移传感。

1.4.2　本书结构安排

基于上述研究背景和研究思路,本书主要研究了两种基于微纳米结构和尺度的新型光纤器件的制备和特性,包括覆盖微纳米厚液晶涂敷层的长周期光纤光栅和局部弯曲的微纳米光纤模间干涉仪;从理论上对其性能参数进行了分析优化,并以此为基础,利用相应的微纳米加工工艺,从实验上进行了分析和验证。

本书的章节安排如下:

第 1 章,主要介绍基于模间干涉的两种典型光纤器件(长周期光纤光栅和锥形光纤)的研究现状以及新型光纤模间干涉器件制备中的微纳米工艺技术。

第 2 章,从理论上对覆盖高折射率微纳米量级涂敷层的长周期光纤光栅的模式耦合及传输谱特性进行了深入的研究,阐述了模式迁移现象产生的原因及机理,详细讨论了微纳米量级涂敷层的相关参数(包括折射率和薄膜厚度)以及包层厚度对长周期光纤光栅的频谱特性的影响。

第 3 章,以直锥形微纳米光纤传输特性为基础,从理论上详细讨论具有弯曲结构的锥形微纳米光纤的传输特性,包括弯曲锥形过渡区域的绝热条件和非绝热状态下弯曲锥形区域的模式耦合等,并通过数值方法计算了不同结构参数下的弯曲锥形微纳米光纤模间干涉仪的传输谱,研究了各结构参数对其干涉波形的影响。

第 4 章,通过实验测量液晶在不同环境温度下的折射率。利用液晶独特的热光效应和电光特性,实验研究了覆盖微纳米液晶涂敷层的长周期光纤光栅的热光及电光调谐特性,根据第 2 章的数值计算方法和模式迁移理论设计并实现了在特定温度下的大范围电光调谐。

第 5 章,介绍我们实验室自制的微纳米光纤拉伸系统,详细阐述基于局部弯曲的锥形微纳米光纤的模间干涉仪的实验制备过程,实验研究它们的温度特性以及折射率和微位移传感特性,并利用第 3 章的理论方法对实验结果进行了分析和说明,最后,通过比较说明该器件在性能上的优越性。

第 6 章,总结本书的主要研究内容以及将来还需继续开展的一些工作。

参 考 文 献

[1] Hecht J. Photonic frontiers:Subwavelength optics come into focus. Laser Focus World,2005,6:56-61.

[2] Kirchain P, Kimerling L. A roadmap for nanophotonics. Nature Photon. , 2007,1:303-305.

[3] Alduino A, Paniccia M. Interconncects:Wiring electronics with light. Nature Photon. ,2007,1:153-155.

[4] 徐颖颖. 非绝热锥形微纳光纤的多模效应及其在微混合器中的应用. 浙江大学硕士学位论文,2011.

[5] 谢同林. 光纤器件及其在光纤通信中的应用. 电子元器件应用,2003,5(10): 1-3.

[6] 李灿. 基于模间干涉的光纤 Mach-Zehnder 干涉型传感器的研究. 安徽大学硕士学位论文,2011.

[7] 郝文良. 基于模间干涉型光纤滤波器研究. 安徽大学博士学位论文,2011.

[8] 钱一波. 模间干涉光纤传感器研究. 浙江大学硕士学位论文,2008.

[9] 任万玲. 模间干涉光纤电压互感器模式传输理论的研究. 燕山大学硕士学位论文,2010.

[10] Jeonc S W,Kim T Y,Kwon W B,et al. All-optical clock extraction form 10-

Gbit/s NRZ-DPSK data using modal interference in a two-mode fiber. Optics Communications,2010,283(4):522-527.

[11] Ruege A C, Reano R M. Multimode waveguides coupled to single mode ring resonators. Journal of Lightwave Technology,2009,27(12):2035-2043.

[12] 靳伟,阮双琛. 光纤传感技术新进展. 北京:科学出版社,2005:70-74.

[13] Tian Z,Yam S S H,Loock H P. Single mode fiber refractive index sensor based on core-offset attenuators. IEEE Photonics Technology Letters,2008, 20(16):1387-1389.

[14] Choi H Y,Kim J S M, Lee B H. All-fiber Mach-Zehnder type interferometers formed in photonic crystal fiber. Optics Express,2007,15(9):5711-5720.

[15] Joel V, David M H. Low-cost optical fiber refractive-index sensor based on core diameter mismatch. Optics Express,2007,15(9):5711-5720.

[16] Wei T,Lan X W,Xiao H. Fiber inline core-cladding-mode Mach-Zehnder interferometer fabricated by two-point CO Laser irradiations. IEEE Photonics Technology Letters,2009,21(10):669-671.

[17] Feng Z Z,Hsieh Y H,Chen N K. Successive asymmetric abrupt tapers for tunable narrowband fiber comb filters. IEEE Photonics Technology Letters,2011,23(7):438-440.

[18] Corke M,Kersey A,Liu K,et al. Remote temperature sensing using polarisation-preserving fibre. Electronics Letters,1984,20(2):67-69.

[19] Covington C,Blake J,Carrara S. Two-mode fiber-optic bending sensor with temperature and strain compenstion. Optics Letters,1994,19(9):676-678.

[20] Dong X,Tam H,Shum P. Temperature-insensitive strain sensor with polarization-maintaining photonic crystal fiber based Sagnac interferome-

ter. Applied Physics Letters,2007,90(15):151113.

[21] Moon D S,Kim B H,Lin A,et al. The temperature sensitivity of Sagnac loop interferometer based on polarization maintaining side-hole fiber. Optics Express,2007,15(13):7962-7967.

[22] Nguyen L V,Hwang D,Moon S,et al. High temperature fiber sensor with high sensitivity based on core diameter mismatch. Optics Express, 2008, 16(15):11369-11375.

[23] Apef S,Amezcua-correa R,Carvalho J,et al. Modal interferometer based on hollow-core photonic crystal fiber for strain and temperature measurement. Optics Express,2009,17(21):18669-18675.

[24] Jiang L,Yang J,Wang S,et al. Fiber Mach-Zehnder interferometer based on microcavities for high-temperature sensing with high sensitivity. Opt. Lett. ,2011, 36(19):3753-3755.

[25] Shi J,Xiao S,Bi M. In-series singlemode thin-core diameter fibres for simultaneous temperature and strain measurement. Electrons. Lett. ,2012,48(2): 93-95.

[26] Li E. Sensitivity-enhanced fiber-optic strain sensor based on interference of higher order modes in circular fibers. IEEE Photonics Technology Letters, 2007,19(16):1266-1268.

[27] Kim H M,Kim T H,Moon D S,et al. Simultaneous measurement of temperauter and strain using long-period fiber grating inscribed in photonic crystal fiber combined with Sagnac loop mirror. Opto-Electronics and Communications Conference,2008.

[28] Kumar D,Sengupta S,Ghorai S. Distributed strain measurement using mo-

dal interference in a birefringent optical fiber. Measurement Science and Technology,2008,19(6):065201-065209.

[29] Hatta A M,Semenova Y,Wu Q,et al. Strain sensor based on a pair of single-mode-multimode-single-mode fiber structures in a ratiometric power measurement scheme. Appl. Opt. ,2010,49(3):536-541.

[30] Zhang H,Liu B,Wang Z,et al. Temperature-insensitive displacement sensor based on high-birefringence photonic crystal fiber loop mirror. Optica Applicata,2010,40(1):209-217.

[31] Dong B,Hao E J. Temperature-insensitive and intensity-modulated embedded photonic-crystal-fiber modal-interferometer-based microdisplacement sensor. JOSA B,2011,28(10):2332-2336.

[32] Fan C,Chiang C,Yu C. Birefringent photonic crystal fiber coils and their application to transverse displacement sensing. Optics Express,2011,19(21):19948-19954.

[33] Wo J,Wang G,Cui Y,et al. Refractive index sensor using microfiber-based Mach-Zehnder interferometer. Optics Letters,2012,37(1):67-69.

[34] Tian Z B,Yam S S, Loock H P. Refractive index sensor based on an abrupt taper Michelson interferometer in a single-mode fiber. Opt. Lett. ,2008,33(10):1105-1107.

[35] Gu B,Yin M J,Zhang A P,et al. Low-cost high-temperature fiber-optic pH sensor based on thin-core fiber modal interferometer. Opt. Express, 2009,17(25):22296-22302.

[36] Zhu X,Sch L A,Li H,et al. Single-transverse-mode output from a fiber laser based on multimode interference. Opt. Lett,2008,33(9):908-910.

[37] Castillo-Guzman A A, Antonio-Lopez J E, Selvas-Aguilar R, et al. Widely tunable all erbium-doped fiber laser based on multimode interference effects. Opt. Express. 2010,18(2):591-597.

[38] Hatta A M, Farrell G, Wang P, et al. Misalignment limits for a singlemode-multimode-singlemode fiber-based edge filter. Journal of Lightwave Technology. 2009,27(13):2482-2488.

[39] Vazquez C, Vargas S, Pena J M S, et al. Tunable optical filters using compound ring resonators for DWDM. IEEE Photonics Technology Letters, 2003,15(8):1085-1087.

[40] Antonio-Lopez J E, Castillo-Guzman A, May-Arrioja D A, et al. Tunable multimode-interference bandpass fiber filter. Optics Letters, 2010, 35 (3): 324-326.

[41] Tripathi S M, Kumar A, Marin E, et al. Single-Multi-Single mode structure based band pass/stop fiber optic filter with tunable bandwidth. Journal of Lightwave Technology,2010,28(24):3535-3541.

[42] Bucaro J, Hickman T. Measurement of sensitivity of optical fibers for acoustic detection. Applied Opitcs,1979,18(6):938-940.

[43] 崔铮. 微纳米加工技术及应用. 北京:高等教育出版社,2009.

[44] Liu H Y, Peng D G, Chu P L, et al. Photosensitivity in low-loss perfluoroploymer (CYTOP)fibre material. Electron. Lett. ,2001,37(6):347-348.

[45] Wang Y P, Xiao L M, Wang D N, et al. In-fiber polarizer based on a long-period fiber grating written on photonic crystal fiber. Opt. Lett. ,2007,32(9):1035-1037.

[46] 何万迈,吴嘉慧,施文康,等. 长周期光纤光栅的大范围波长调谐与温度补偿. 上海交通大学学报,2002,36(7):1029-1031.

[47] Liu T, Chen X, Yun D, et al. Tunable magneto-optical wavelength filter of long-period fiber grating with magnetic fluids. Appl. Phys. Lett. , 2007, 91(121116):1-3.

[48] 靖涛,王艳芳. 锥形光纤在光纤传感和光纤激光器上的应用. 信息技术, 2010,10:113-118.

[49] 王翔. LPFG 中不同谐振模式的敏感性研究. 上海交通大学硕士学位论文,2009.

[50] Luo H M, Li X W, Li S G, et al. Analysis of temperature-dependent mode transition in nanosized liquid crystal layer-coated long period gratings. Appl. Opt. , 2009,48(25):F95-F100.

[51] Yang J, et al. Sensitivity enhanced long-period grating refractive index sensor with a refractive modified cladding layer. Proc. of SPIE,2005,5970(59701H):1-9.

[52] 王少石. 基于液晶包覆的长周期光纤光栅的调谐特性研究. 上海交通大学硕士学位论文,2009.

[53] Yang R, et al. Single S-tapered fiber Mach-Zehnder interferometers. Opt. Lett. , 2011,36(23):4482-4484.

[54] Kieu K, Mansuripur M. Tuning of fiber lasers by use of a single-mode biconic fiber taper. Opt. Lett. ,2006,31(16):2435-2437.

[55] Jung Y, et al. Broadband single-mode operation of standard optical fibers by using a sub-wavelength optical wire filter. Opt. Express, 2008, 16 (19): 14661-14667.

[56] 易锦程. 基于 MOS EXCEL 对电子束蒸铝工艺的分析与改进. 电子科技大学硕士学位论文,2010.

[57] 陈琛,袁立丽. LB 膜技术的应用综述. 合肥师范学院学报,2009,27(3): 94-99.

[58] 曾国良. 有机高分子 Langmuir-Blodgett(LB)膜的制备及其应用研究. 郑州大学硕士学位论文,2007.

[59] Charters R B, et al. In-line fibre optic channel dropping filter using Langmuir-Blodgett films. Electron. Lett. ,1994,30(7):594-595.

[60] Flannery D, et al. pH sensor using Langmuir-Blodgett overlay. Opt. Lett. , 1997,22(8):567-569.

[61] Skjonnemand K. Optical and structural characterisation of ultra thin films. Ph. D. dissertation Cranfield University,Bedford,UK,2000.

[62] 卢金荣,陈国华,吴大军. 静电自组装功能性纳米复合膜的研究进展. 材料学报,2004,18(3):57-60.

[63] Villar I D, et al. Deposition of overlays by electrostatic self-assembly in long-period fiber gratings. Opt. Lett. ,2005,30(7):720-722.

[64] Tong L M, et al. Subwavelength-diameter silica wires for low-loss optical wave guiding. Nature,2003,426(6968):816-819.

[65] Tong L M,et al. Photonic nanowires directly drawn from bulk glasses. Opt. Express,2006,14(1):82-87.

[66] Brambilla G, et al. Ultra-low-loss optical fiber nanotapers. Opt. Express, 2004,12(10):2258-2263.

[67] Ward J M,et al. Heat-and-pull rig for fiber taper fabrication. Revies of scientific instruments,2006,77:083105.

[68] Shi L, et al. Fabrication of submiron-diameter silica fibers using electric strip heater. Opt. Express,2006,14(12):5055-5060.

第 2 章　覆盖微纳米高折射率涂敷层的长周期光纤光栅的理论分析与模拟计算

长周期光纤光栅(LPFG)是一种被广泛应用的模间干涉型光纤器件。以前的文献在研究 LPFG 的模式耦合理论时主要采用三层的阶跃折射率光纤模型,即考虑纤芯、包层和环境介质,其中环境介质的半径认为是无限大[1-7]。近年来,表面和表层微纳米薄膜工艺的发展和成熟使得在光纤光栅的表面沉积微纳米厚的高折射率涂敷层介质成为可能。在这种情况下,光纤包层和环境介质之间就多了一层微纳米厚度的薄层。当该薄层的折射率高于光纤包层折射率且厚度为某些特定值时,光纤光栅中的包层模模场重新分布,包层模依次从低阶向高阶迁移至微纳米涂层中进行传输,同时光纤光栅的谐振峰波长产生一个显著的漂移,也就是所谓的模式迁移现象[8-10]。本章采用四层光纤模型,分析了覆盖高折射率微纳米涂敷层的 LPFG 的包层模特性,同时对四层模型 LPFG 谐振波长和频谱特性进行了分析。

2.1　四层模型 LPFG 的模式耦合

我们使用四层光纤模型(图 2-1)来分析 LPFG 的包层模特性。光纤的纤芯、包层、微纳米涂覆层以及环境介质的半径分别为 a_1、a_2、a_3 和无穷大;其纤芯、包层、微纳米涂敷层以及环境的折射率分别为 n_1、n_2、n_3 和 n_4。

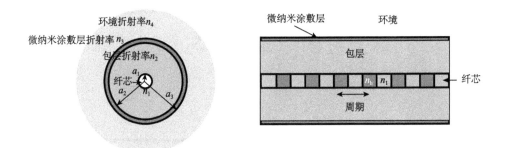

图 2-1 四层光纤模型示意图

2.1.1 各包层模的有效折射率和传输常数

由于四层光纤模型的结构轴向对称,因此只需要考虑 LP_{0m} 模式之间的耦合。包层模在这种四层结构中的横向电场分量的表达式为[8]

$$\psi(r) = \begin{cases} A_0 Z_{v,1}\left(u_1 \dfrac{r}{a_1}\right), & r \leqslant a_1 \\[2mm] A_1 Z_{v,2}\left(u_2 \dfrac{r}{a_2}\right) + A_2 T_{v,2}\left(u_2 \dfrac{r}{a_2}\right), & a_1 < r \leqslant a_2 \\[2mm] A_3 Z_{v,3}\left(u_3 \dfrac{r}{a_3}\right) + A_4 T_{v,3}\left(u_3 \dfrac{r}{a_3}\right), & a_2 < r \leqslant a_3 \\[2mm] A_5 K_{v,4}\left(v \dfrac{r}{a_3}\right), & r > a_3 \end{cases} \tag{2-1}$$

其中

$$Z_{v,i}(x) = \begin{cases} J_v(x), & n_{\text{eff}} < n_i \\ I_v(x), & n_{\text{eff}} > n_i \end{cases}$$

$$T_{v,i}(x) = \begin{cases} Y_v(x), & n_{\text{eff}} < n_i \\ K_v(x), & n_{\text{eff}} > n_i \end{cases}$$

$$u_i = r_i k_0 \sqrt{\left| n_i^2 - n_{\text{eff}}^2 \right|}, \quad i = 1, 2, 3$$

$$v = r_3 k_0 \sqrt{\left| n_{\text{eff}}^2 - n_4^2 \right|}$$

r 为半径，J_v 和 I_v 为 v 阶第一类和第二类贝塞尔函数，Y_v 和 K_v 为 v 阶第一类和第二类修正贝塞尔函数；n_1，n_2 和 n_3 分别为纤芯、包层和涂敷层的折射率，n_4 为环境折射率，n_{eff} 为模式的有效折射率；a_1 和 a_2 分别为光纤纤芯和包层的半径，$a_3 - a_2$ 为涂敷层的厚度。另外，A_i 为该电场分量在各种介质中的幅值，利用纤芯与包层，包层和涂敷层以及涂敷层和环境介质的三个边界条件便可以得出相应的 A_i 解。这样，每个包层模的有效折射率便可以通过电场分量的连续性条件求得。

2.1.2　耦合系数和耦合常数

理想的单模光纤在没有受到扰动时，其纤芯和包层中的模式是正交的，没有耦合。在光纤中写入光栅便是在光纤纵向引入了折射率周期性微扰，模式间出现相互耦合，其横向耦合系数可表示为[11]

$$K_{vj,\mu k} = \frac{\omega}{4P_0} \times \int_{\varphi=0}^{2\pi} \int_{r=0}^{\infty} \Delta\varepsilon(r,\varphi,z) \psi_{vj}(r,\varphi) \psi_{\mu k}(r,\varphi) r \mathrm{d}r \mathrm{d}\varphi \quad (2\text{-}2)$$

其中，$\psi(r,\varphi)$ 为 LP 模的横向场分量；$\Delta\varepsilon(r,\varphi,z)$ 描述了折射率的扰动，假设各个模式的功率相等为 P_0。由于纵向耦合系数远远小于横向耦合系数而可以忽略不计，且折射率扰动很小，一般与 φ 无关，因此可以做如下近似：

$$\Delta\varepsilon(r,z) \approx 2\varepsilon_0 n_0(r) \Delta n(r,z) \quad (2\text{-}3)$$

其中，ε_0 为真空介电常数；$n_0(r)$ 为没有折射率干扰时光纤的折射率分布；$\Delta n(r,z)$ 为折射率的变化，可用下式表示：

$$\Delta n(r,z) = p(r)\sigma(r)S(z) \tag{2-4}$$

其中，$p(r)$ 表示横向折射率扰动，一般仅存在于光纤的纤芯且为一个非零常数：

$$p(r) = p_0 \cdot \mathrm{rect}\left(\frac{r}{a_1}\right) \tag{2-5}$$

$\sigma(r)$ 为光栅的慢变包络，$S(z)$ 为径向折射率扰动因子。$S(z)$ 可以近似表示为

$$S(z) = s_0 + s_1\cos\big[(2\pi/\Lambda)z\big] \tag{2-6}$$

其中，Λ 为光栅的周期。式中傅里叶级数的系数 s_0 和 s_1 依赖于光栅写入过程中的曝光强度。在后面的数值计算中，我们设定 $s_0 = s_1 = 1$。

经过以上的近似，模间耦合系数可表示为

$$K_{vj,\mu k} = \left[s_0 + s_1\cos\left(\frac{2\pi}{\Lambda}z\right)\right]\frac{\omega\varepsilon_0}{2P_0}\times\int_{\varphi=0}^{2\pi}\int_{r=0}^{\infty}n_0(r)p(r)\psi_{vj}(r,\varphi)\psi_{\mu k}(r,\varphi)r\mathrm{d}r\mathrm{d}\varphi$$

$$= \left[s_0 + s_1\cos\left(\frac{2\pi}{\Lambda}z\right)\right]\zeta_{vj,\mu k} \tag{2-7}$$

其中，$\zeta_{vj,\mu k}$ 为耦合常数。LPFG 的模式耦合一般为纤芯基模与同向包层模之间的耦合。因此，耦合常数的表达式为

$$\zeta_{0j,0k} = \frac{\omega\varepsilon_0}{2P_0}n_1p_0\int_{\varphi=0}^{2\pi}\mathrm{d}\varphi\int_{r=0}^{r_1}R_{0j}(r)R_{0k}(r)r\mathrm{d}r \tag{2-8}$$

如前所述，n_1 为纤芯折射率，$R(r)$ 是 r 的函数，表示模场径向的变化。

2.1.3　四层模型 LPFG 的模式耦合方程

耦合模理论是研究电磁场在光纤光栅这种周期性波导中传播的基本理论，可用于分析光纤光栅的频谱特性[1,2]。

与布拉格光栅不同，LPFG 中传输的反向模式不能忽略。因此，

LPFG 耦合模方程的一般形式可表示为[8]

$$\frac{dF_{0k}(z)}{dz} = -j \sum_{j=1}^{M} K_{0j,0k} F_{0j}(z) \exp[-j(\beta_{0j} - \beta_{0k})z], \quad k = 1, 2, \cdots, M$$

(2-9)

上式也可以用矩阵来表示

$$
\begin{bmatrix}
F_{01}(z) \\
F_{02}(z) \\
\vdots \\
F_{0N}(z)
\end{bmatrix}
=
\begin{bmatrix}
Q_{01} & V_{02,01} & \cdots & V_{0N,01} \\
V_{01,02} & Q_{02} & \cdots & V_{0N,02} \\
\vdots & \vdots & & \vdots \\
V_{01,0N} & V_{02,0N} & \cdots & Q_{0N}
\end{bmatrix}
\begin{bmatrix}
F_{01}(z) \\
F_{02}(z) \\
\vdots \\
F_{0N}(z)
\end{bmatrix}
$$

(2-10)

其中，F_{0j} 为第 j 个模的归一化幅度，式中微分方程矩阵元素可以定义为

$$
\begin{cases}
Q_{0j} = -j\sigma(z) s_0 \zeta_{0j,0j} \\
V_{0j,0k} = -j\sigma(z) \dfrac{s_1}{2} \zeta_{0j,0k} \exp\left[-jz\left(\beta_{0j} - \beta_{0k} \pm \dfrac{2\pi}{\Lambda}\right)\right]
\end{cases}
$$

(2-11)

其中，$\sigma(r)$ 为光栅的慢变包络；s_0 和 s_1 表示光栅函数第一个和第二个傅里叶分量的系数；β_{0j} 表示第 j 个模的传输常数；Λ 为光栅的周期。

式 (2-11) 中指数函数中的"±"号取决于模式之间的传输常数的差值。当 $\beta_{0j} > \beta_{0k}$ 时，取"−"号，反之取"+"号。

我们可以设定一个模式作为输入来计算 LPFG 的透射谱，即取 $F_{01}(0) = 1$ 而 $F_{02}(0) = \cdots = F_{0N}(0) = 0$，然后求解微分方程，则 LPFG 的透射率为

$$\frac{\left| F_{01}(L) \right|^2}{\left| F_{01}(0) \right|^2}$$

(2-12)

其中，L 为光栅的长度。

在仅考虑自耦合系数和纤芯模与包层模的交叉耦合系数的情况下，

计算准确性小于一个数字的误差。但当光栅调制深度变大时,附加误差便会引入[12]。因此,在计算时我们采用全矩阵公式。

2.1.4　谐振条件

普通的三层模型 LPFG 的谐振条件为[1,2]

$$\lambda_{\mathrm{res},0j} = (n_{\mathrm{eff,co}} - n_{\mathrm{eff,cl}}^{0j}) \cdot \Lambda \qquad (2\text{-}13)$$

其中,$\lambda_{\mathrm{res},0j}$ 为 j 阶包层模的谐振波长;$n_{\mathrm{eff,co}}$ 为此时芯层有效折射率;$n_{\mathrm{eff,cl}}^{0j}$ 为 j 阶包层模包层的有效折射率;Λ 为 LPFG 的周期。

根据耦合模理论,可以得到一个比式(2-13)更为精确的修正的相位匹配条件[12]:

$$\frac{2\pi}{\lambda}\big[n_{\mathrm{eff},01}(\lambda) - n_{\mathrm{eff},0j}(\lambda)\big] + s_0\big[\zeta_{01,01}(\lambda) - \zeta_{0j,0j}(\lambda)\big] = \frac{2\pi}{\Lambda} \quad (2\text{-}14)$$

其中,$\zeta_{01,01}$ 和 $\zeta_{0j,0j}$ 分别为自耦合系数以及纤芯模与第 j 阶包层模的耦合系数。另外,在第 j 阶包层模谐振波长处的基模透射率可表示为

$$T_{0j} = \cos^2(\kappa_{01,0j} \cdot L) \qquad (2\text{-}15)$$

其中,L 为光栅的长度;$\kappa_{01,0j}$ 为基模和第 j 阶包层模的耦合系数,可用下式表示:

$$\kappa_{01,0j} = \frac{s_1}{2}\zeta_{01,0j} \qquad (2\text{-}16)$$

2.2　四层模型 LPFG 的数值计算和模拟分析

2.2.1　四层模型 LPFG 的透射谱的模拟计算方法

基于前面给出的理论基础,可以数值分析不同纳米涂敷层参数或环

境折射率条件下 LPFG 的频谱特性。

具体求解步骤为：

(1)确定 LPFG 的相关参数，确定纳米涂敷层的厚度($a_3 - a_2$)和折射率 n_3 以及环境折射率 n_4，选取频谱的波长范围 $\lambda_1 \sim \lambda_2$，并取 $\lambda_0 = \dfrac{\lambda_1 + \lambda_2}{2}$；

(2)利用光纤基模色散方程，求解纤芯基模的有效折射率 $n_{\text{eff,co}}$；

(3)求解式(2-1)，得到各包层模的有效折射率 $n_{\text{eff,cl}}$；

(4)利用 LPFG 的谐振条件 $\lambda_{\text{res},0j} = (n_{\text{eff,co}} - n_{\text{eff,cl}}^{0j}) \cdot \Lambda$，求得 λ_0 处的各阶包层模的谐振波长，如果采用修正后的谐振条件公式(2-14)，计算误差将小于 0.1%[12]；

(5)将 LPFG 实际谐振波长近似取为 λ_0 处的各阶包层模的谐振波长，并选取谐振波长位于计算频谱范围内的各阶包层模；

(6)通过式(2-8)计算出模式之间的耦合常数；

(7)以波长 $\Delta\lambda$ 为步长，从 λ_1 开始至 λ_2 为止，用数值方法逐点求解式(2-9)和式(2-10)表示的耦合模方程，进而得到各波长处的透射率 $\dfrac{|F_{01}(L)|^2}{|F_{01}(0)|^2}$；

(8)以波长为横坐标，各波长处的透射率为纵坐标作图，绘制出纳米涂敷层 LPFG 的透射谱。

我们选取康宁公司生产的标准单模光纤，其相关参数见表 2-1，其 LPFG 参数如下：LPFG 的周期为 $\Lambda = 450\mu\text{m}$，光栅区长度 $L = 5\text{mm}$，折射率调制满足 $\sigma(z) = s_0 = s_1 = 1$，光栅为均匀光栅。

表 2-1　标准单模光纤相关参数

各项参数	纤芯折射率 n_1	包层折射率 n_2	纤芯半径 a_1	包层半径 a_2
相关参数值	1.44921	1.44403	4.15μm	62.5μm

2.2.2　高折射率微纳米涂敷层对 LPFG 模场分布的影响

设定纳米涂敷层的折射率 $n_3=1.5$，环境折射率为 $n_4=1$。首先研究涂敷层厚度的变化对光纤光栅中传输的各个模式的有效折射率及模场分布的影响。在 LPFG 表面加上一层折射率高于光纤包层的涂敷层，随着该涂敷层厚度的增加，包层模的有效折射率也随之增大。当涂敷层的厚度达到一定值时，最低阶的包层模式会迁移到涂敷层中进行传输，此时，涂敷层中的能量猛然增加。这使得其他模式的有效折射率值重新调整。更高阶的包层模的有效折射率值变化为其前一阶的包层模的有效折射率值。于是，随着涂敷层厚度的进一步增加，在涂敷层沉积之前的 LPFG 的各包层模的有效折射率值被完全覆盖。涂敷层沉积之前的第 8 阶包层模式变成涂敷层沉积之后的第 7 阶包层模，而第 7 阶包层模变成第 6 阶包层模，以此类推。同样的情况也发生在 LPFG 的谐振峰波长的漂移上，随着涂敷层厚度的增大，该现象重复出现。这表明，随着涂敷层厚度的增加，越来越多的包层模迁移到涂敷层中进行传播，这样不同包层模之间的能量出现重新分配。

图 2-2 为波长 $\lambda=1550\text{nm}$ 的光在光纤中的纤芯基模（即 LP_{01} 模）与前 9 个包层模（即 $LP_{02} \sim LP_{10}$ 模）有效折射率随涂敷层厚度变化的曲线。LP_{02}、LP_{03} 和 LP_{04} 模式分别在涂敷层厚度达到约 700nm、2600nm 和 4500nm 时进入微纳米涂敷层中进行传输。

每一阶包层模进入高折射率涂敷层进行传输时，更高一阶的包层模式便取代该模式之前在包层模中的位置，这一现象被称为模式迁移现象。我们也可以通过计算包层模的模场分布情况来验证这一现象。图 2-3为第 5 阶包层模在波长为 1550nm，涂敷层厚度分别为 0nm、970nm 和 1400nm 时的模场分布。其中，涂敷层为 970nm 时，该模式正处于模式迁移状态中。从图中我们可以推断，随着涂敷层厚增大，LP_{05} 模的模场向 LP_{04} 模的模场转变。也就是说，高阶模的模场向低阶模模场转变。

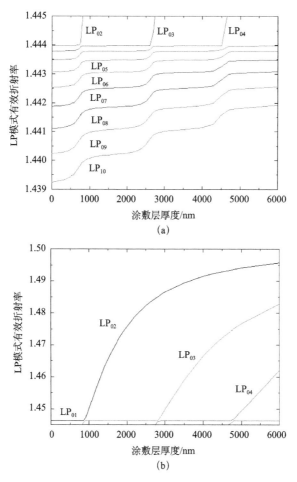

图 2-2　不同高折射率层厚度下的(a)前 9 个包层模式和(b)纤芯模及前 3 个包层模式的有效折射率

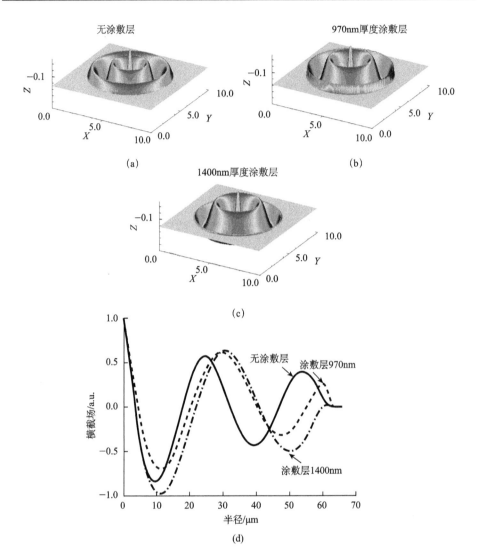

图 2-3　涂敷层厚度分别为(a)0nm,(b)970nm 和(c)1400nm 下的第 5 阶包层模的模场分布图;
(d)相应的涂敷层厚度分别为 0nm,970nm 和 1400nm 下的第 5 阶包层模的横向电场分布图

　　LPFG 中各包层模的有效折射率的变化产生的直接结果就是谐振峰的漂移,即基模与第 8 阶包层模的谐振峰波长向涂敷层沉积之前的 LPFG 的基模与第 7 阶包层模的谐振峰波长漂移,而基模与第 7 阶包层模的谐振峰向之前基模与第 6 阶包层模的谐振峰波长漂移,以此类推。通过数值计算我们计算了覆盖不同厚度的纳米涂敷层 LPFG 的频谱,如

图 2-4 所示。不同纳米涂覆层厚度与 LPFG 第 3 阶、第 4 阶和第 5 阶包层模谐振峰波长的对应关系通过表 2-2 表示。图 2-5 反映了基模与第 3 阶、第 4 阶和第 5 阶包层模的谐振峰波长随涂覆层厚度变化的漂移情

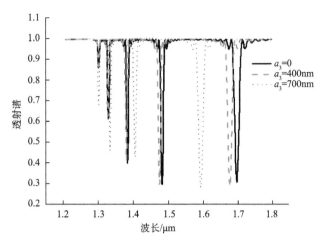

图 2-4　涂敷层折射率为 1.5,环境折射率为 1 时的 LPFG 透射谱

况。随着涂覆层厚度的增加,谐振峰向短波长的方向漂移,基模与高阶包层模谐振峰具有比基模与低阶包层模谐振峰更大的波长漂移量。

表 2-2　不同纳米涂覆层厚度与 LPFG 不同包层模谐振峰中心波长的对应关系

纳米涂覆层厚度/nm	LPFG 第 3 阶包层模谐振峰中心波长/μm	LPFG 第 4 阶包层模谐振峰中心波长/μm	LPFG 第 5 阶包层模谐振峰中心波长/μm
0	1.3236	1.3793	1.4794
400	1.3208	1.3751	1.4710
700	1.2958	1.3292	1.4015

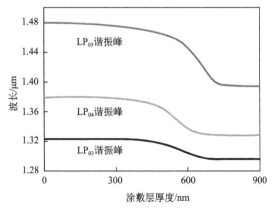

图 2-5　基模与第 3 阶、第 4 阶和第 5 阶包层模谐振峰波长随涂覆层厚度的变化(涂敷层折射率为 1.5,环境折射率为 1)

2.2.3　不同微纳米涂敷层折射率下的 LPFG 的频谱和大范围波长调谐

　　改变涂覆层的折射率,我们来研究一下涂覆层折射率对 LPFG 谐振峰波长的调谐特性。当涂覆层厚度为 500nm,环境折射率为 1 时,用数值方法分别计算得到不同涂覆层折射率下的 LPFG 的透射谱,如图 2-6 所示。随着涂覆层折射率的增大,谐振峰波长向短波长方向漂移。不同纳米涂覆层折射率与 LPFG 第 3 阶、第 4 阶和第 5 阶包层模谐振峰波长的对应关系通过表 2-3 表示。

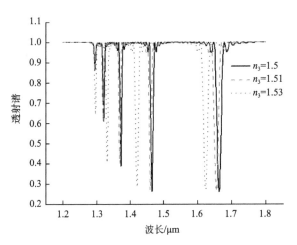

图 2-6　涂敷层厚度为 500nm 的 LPFG 透射谱

表 2-3　不同纳米涂覆层折射率与 LPFG 不同包层模谐振峰中心波长的对应关系

纳米涂覆层折射率	LPFG 第 3 阶包层模谐振峰中心波长/μm	LPFG 第 4 阶包层模谐振峰中心波长/μm	LPFG 第 5 阶包层模谐振峰中心波长/μm
1.5	1.3208	1.3723	1.4668
1.51	1.3195	1.3695	1.4599
1.53	1.2973	1.3306	1.4195

　　更直观地,我们将数值计算得到的谐振峰波长随涂覆层折射率变化的情况用图 2-7 来表示。观察图 2-7,可以发现,在涂覆层折射率从 1.518 逐渐增大到 1.534 的过程中,LPFG 也出现了包层模模场重新分布(即模式迁移)的状况。在该模式迁移区域内,谐振峰波长随涂覆层折射率变化的漂移量远远大于该区域以外的谐振峰随涂覆层折射率变化的漂移量。因此,我们可以通过设计涂覆层厚度、涂覆层折射

率以及环境折射率等参数，使 LPFG 的微纳米涂覆层折射率调谐的工作区域正好处于模式迁移区内，从而获得大范围的 LPFG 的涂覆层折射率率调谐。

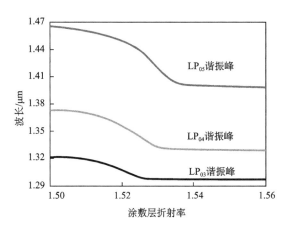

图 2-7　基模与第 3 阶、第 4 阶和第 5 阶包层模的谐振峰中心波长随涂覆层折射率的变化
（涂覆层厚度为 500nm，环境折射率为 1）

2.2.4　LPFG 的包层半径对谐振峰漂移量的影响

我们计算了 LPFG 包层半径分别 $62.5\mu m$ 和 $40\mu m$ 时，不同涂覆层折射率下基模和第 4 阶包层模谐振峰波长漂移，见图 2-8。

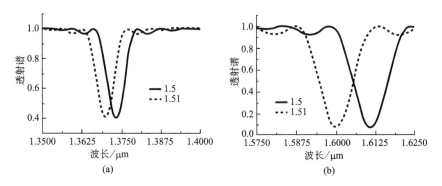

图 2-8　LPFG 包层半径分别为（a）$62.5\mu m$ 和（b）$40\mu m$ 时，不同涂覆层折射率情况下的 LP_{05} 模的谐振峰波长漂移量对比

更直观地,我们将数值计算得到的谐振峰波长随 LPFG 内包层厚度变化的情况用表 2-4 来表示。

表 2-4　不同内包层厚度下涂覆层折射率与 LPFG 的第 5 阶包层模谐振峰中心波长的对应关系

内包层半径　　涂覆层折射率　　LP_{05} 模谐振峰波长	1.5	1.51
62.5μm	1373.1nm	1369.7nm
40μm	1610.6nm	1599.6nm

从表 2-4 可观察到,在环境同为空气且涂覆层厚度为 500nm 的情况下,当选取内包层半径 $r_3 = 62.5\mu m$ 时,随着涂覆层折射率从 1.5 变化到 1.51,LP_{05} 模谐振峰波长从 1373.1nm 漂移到 1369.7nm,漂移了 3.4nm;当包层半径 $r_3 = 40\mu m$ 时,LP_{05} 模谐振峰波长从 1610.6nm 漂移到 1599.6nm,漂移了 11nm。由此可见,我们还可以通过减小 LPFG 包层半径的方法来增加谐振峰波长对涂覆层折射率的灵敏度,从而扩大其调谐范围。

2.3　本章小结

本章首先利用四层模型进行矢量分析,研究了覆盖微纳米涂敷层 LPFG 中包层模的场强分布;然后,介绍了四层模型 LPFG 频谱的理论求解方法;最后,数值求解了一种给定参数的 LPFG 的频谱,分析了在不同微纳米涂敷层厚度和折射率下,其谐振波长的偏移情况,讨论了光纤光栅包层厚度对其谐振峰漂移量的影响。理论分析的结果表明:合理选择微纳米涂敷层的相关参数,LPFG 频谱出现模式迁移现象;随着光纤光栅包层厚度的减小,基模与各包层模的谐振峰波长的漂移量越来越大；改变微纳米涂敷层折射率，包层模阶数越高的谐振峰的漂移量越大。本章的工作为后续相关章节的覆盖微纳米涂敷层 LPFG 器件的参数设计和实验研究作了理论铺垫。

参 考 文 献

［1］ 王少石. 基于液晶包覆的长周期光纤光栅的调谐特性研究. 上海交通大学硕士学位论文，2009.

［2］ 王翔. LPFG 中不同谐振模式的敏感性研究. 上海交通大学硕士学位论文，2009.

［3］ Liu H Y，Peng D G，Chu P L，et al. Photosensitivity in low-loss perfluoro-ploymer (CYTOP) fibre material. Electron. Lett. ，2001，37(6)：347-348.

［4］ Wang Y P，Xiao L M，Wang D N，et al. In-fiber polarizer based on a long-period fiber grating written on photonic crystal fiber. Opt. Lett. ，2007，32(9)：1035-1037.

［5］ 何万迈，吴嘉慧，施文康，等. 长周期光纤光栅的大范围波长调谐与温度补偿. 上海交通大学学报，2002，36(7)：1029-1031.

［6］ Liu T，Chen X，Yun D，et al. Tunable magneto-optical wavelength filter of long-period fiber grating with magnetic fluids. Appl. Phys. Lett. ，2007，91(121116)：1-3.

［7］ 靖涛，王艳芳. 锥形光纤在光纤传感和光纤激光器上的应用. 信息技术，2010，10：113-118.

［8］ Cusano A，Pilla P，Giordano M，et al. Mode transition in nano-coated long period fiber gratings：principle and applications to chemical sensing. Advanced Photonic Structures for Biological and Chemical Detection，2009：35-75.

[9] Luo H M, Li X W, Li S G, et al. Analysis of temperature-dependent mode transition in nanosized liquid crystal layer-coated long period gratings. Appl. Opt. ,2009,48(25):F95-F100.

[10] Yang J, Xu C Q, Li Y F. Sensitivity enhanced long-period grating refractive index sensor with a refractive modified cladding layer. Proc. of SPIE, 2005, 5970(59701H):1-9.

[11] Villar I D, Matias I R, Arregui F J, et al. Optimization of sensitivity in long period fiber gratings with overlay deposition. Opt. Express, 2005, 13(1): 56-69.

[12] Anemogiannis E, Glytsis E N, Gaylord T K. Transmission characteristics of long-period gratings having arbitrary azimutal/radial refractive index variation. J. Lightwave. Technol. ,2003,21(3):218-227.

第 3 章　具有弯曲结构的锥形微纳米光纤的理论分析与模拟计算

　　锥形光纤作为另一种被广泛应用的光纤模间干涉器件是光纤通信中具有代表性也是构成其他光纤器件的基础器件[1-7]。如第 1 章所介绍，锥形光纤根据锥角的大小可分为突变锥和缓变锥两类。以前的研究工作主要是利用锥形光纤来制作光纤耦合器或光纤分插复用器，为了降低器件的插入损耗，一般采用锥角较小的含有缓变锥的锥形光纤[2,3]。近年来，锥角较大的含有突变锥的锥形光纤越来越受到研究者的重视，对于含有突变锥锥形光纤的特性及其器件的研究越来越多[4-7]。当锥形光纤中的锥角较大时，光纤中基模会与高阶模发生耦合，根据这一特性，含有突变锥的锥形光纤被用来制作光纤模间干涉器件，并广泛地应用于光纤传感领域[5-7]。

　　2003 年，童利民和来自哈佛大学与浙江大学的研究者合作，成功研制了直径为亚波长或者纳米量级的低损耗微纳米光纤[8]。这种利用物理熔拉法获得的锥形微纳米光纤，具有表面光滑、束腰区均匀、传输损耗低，且在可见和红外光学传输中表现出倏逝场传输、强光场约束和大波导色散等特性[9]。这些特点使得锥形微纳米光纤及其光器件成为多个领域的研究热点，引起了国际上的广泛关注。

　　锥形微纳米光纤是束腰区直径达到亚波长或者纳米量级的锥形光

纤[10]。本章在分析直锥形微纳米光纤的传输特性的基础上，详细探讨了锥形微纳米光纤的弯曲效应，讨论了弯曲过渡区域的模式耦合和模场演变等特性，得出了具有弯曲结构的锥形微纳米光纤的绝热和非绝热条件，并通过模拟计算分析了非绝热条件下弯曲锥形微纳米光纤各结构参数对其模式耦合以及多模干涉的影响。

3.1　锥形微纳米光纤的结构模型

锥形微纳米光纤通过熔融拉锥的方法将普通的标准单模光纤拉制成束腰部分直径达到微纳尺度且直径均匀的微纳米光纤，在标准单模光纤与微纳米光纤之间存在锥形的过渡区域[10]。调整拉锥系统的各项参数，便可以获得所需的特定结构参数的锥形微纳米光纤。我们将在下面的模型中阐述锥形微纳米光纤的结构尺寸与拉锥过程的各项参数之间的关系。

锥形微纳米光纤可分为三个部分，即标准的单模光纤部分、两端对称的锥形过渡区域部分和中间的直径均匀的束腰部分，其结构如图 3-1 所示。在整个锥形光纤的拉伸过程中，从标准单模光纤到微纳米光纤的过渡过程中光纤的包层和纤芯的比例基本保持不变[11]。假设锥形微纳米光纤的初始直径为 d_0，对于标准单模光纤 $d_0 = 125\mu m$，z 表示从 d_0 处开始的沿轴向的距离，$d(z)$ 是光纤在锥形过渡区域 z 处的直径，过渡区域长度为 L_t，束腰区直径为 d_w，束腰区长度为 L_w。$\Omega(z)$ 为表征锥形过渡区域陡度的物理量，$\Omega(z)$ 越大，说明锥体越陡，反之锥体越平缓。选取标准单模光纤相关折射率参数如下：纤芯折射为 1.454，包层折射率为 1.4505，外界环境折射率为 1。

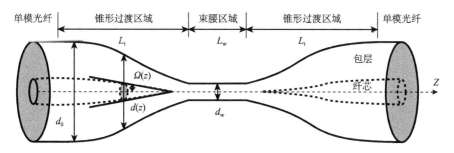

图 3-1 锥形微纳米光纤的几何形状

一般情况下,利用熔融拉锥工艺制备锥形微纳米光纤。假设拉伸系统的各项参数为:火焰等效宽度为 L_0,拉伸长度为 l,拉伸速度为常系数 α(α 不表示实际速度)。实际拉伸过程中,可以作这样一个等效,即拉伸速度越快,火焰等效宽度越小,这里可用如下关系式表示[12]:

$$L = L_0 + \alpha l \tag{3-1}$$

根据光纤在拉伸过程中质量守恒的原则,有[12]

$$
\begin{cases}
d_{\mathrm{w}}(l) = d_0 \left(1 + \dfrac{\alpha l}{L_0}\right)^{-\frac{1}{2\alpha}} \\[3mm]
d(z) = d_0 \left[1 + \dfrac{2\alpha z}{(1-\alpha)L_0}\right]^{-\frac{1}{2\alpha}}
\end{cases}
\tag{3-2}
$$

式中,$d_{\mathrm{w}}(l)$ 表示拉伸长度为 l 的微纳米光纤束腰区的直径。当拉伸速度较慢时,即 $\alpha \to 0$,式(3-2)可改写成

$$
\begin{cases}
d_{\mathrm{w}}(l) = d_0 \exp\left(-\dfrac{l}{2L_0}\right) \\[3mm]
d(z) = d_0 \exp\left(-\dfrac{z}{L_0}\right)
\end{cases}
\tag{3-3}
$$

图 3-2 为系统拉伸速度较慢时,拉伸长度分别为 5cm、7cm、和 8.5cm 时获得的锥形微纳米光纤的形状图。计算所得的三个锥形光纤模型的相应的结构参数如下:① $L_{\mathrm{t}} = 25\mathrm{mm}$,$L_{\mathrm{w}} = 10\mathrm{mm}$,$d_{\mathrm{w}} = 5\mu\mathrm{m}$;

② L_t＝35.7mm，L_w＝10.6mm，d_w＝1.8μm；③ L_t＝44.2mm，L_w＝11.6mm，d_w＝0.62μm。

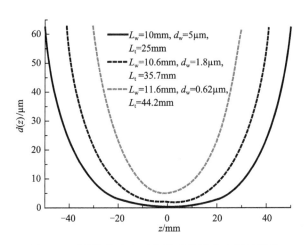

图 3-2　不同拉伸速度下的锥形微纳米光纤的形状

3.2　直锥形微纳米光纤的传输特性

当锥形微纳米光纤不发生弯曲，即为直锥形微纳米光纤时，光束在直径逐渐变小的光纤锥体中传播，纤芯模的模场半径由小变大，当纤芯的归一化频率降至1（即 V ＝1）时，纤芯便不能约束导模的传输，光束开始在光纤的包层中进行传输，外界介质为空气。由于光纤直径的变化，直锥形微纳米光纤成为一个多模波导，各模式间也因为直径改变而产生的扰动发生耦合，耦合主要存在于模场分布相似且有效折射率差较小的低阶模之间[13]。当直锥形过渡区域的纤芯归一化频率小于1时，光从纤芯进入包层中以传导模和辐射模的形式传播。在束腰区部分光纤直径达到微纳尺度，因此纤芯便可以忽略不计，直锥形过渡区域中包层中的传导模进入束腰部分后其模场半径进一步增大，并以倏逝场的形式在光纤和外界环境中传播。当直锥形过渡区域为缓变锥,满足绝热条件[13]时,光在直锥形区传播的基模与高阶模之间的耦合便可以忽略不计,因而这种直锥形微纳米光纤的耦合损耗可近似为 0,如图 3-3(a)所示。反之,当直锥形过渡区为突变锥时,纤芯中传输的基模会在第一个直锥形过渡区被激发成高阶模甚至辐射模进入包层中传输,此时基模和高阶模发生强烈的耦合。而束腰区光纤的直径决定了直锥形微纳米光纤所能承载的模式的数量,如果束腰区直径满足单模传输条件,则所有高阶模和辐射模都在传输过程中变成损耗。如果束腰区光纤能够承载多个模式,则在第二个直锥形区域,部分高阶模又会耦合回基模,而其他高阶模和辐射模的能量便会在传输过程中形成损耗,如图 3-3(b)所示。

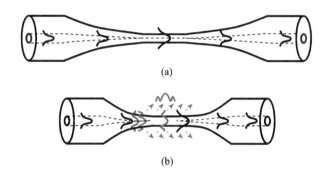

图 3-3　(a)直锥形过渡区域为缓变锥的模场情况和(b)直锥形过渡区为突变锥的模场情况

3.2.1　束腰区微纳米光纤的基本特性

1. 束腰区微纳米光纤中传输的模式与光纤直径的关系和单模条件

直锥形微纳米光纤的束腰区部分也是典型的圆柱形光波导,也就是目前引起广泛关注的微纳米光纤[8]。微纳米光纤相对于标准的单模光纤而言,其特点是芯层和包层的折射率差非常大,在环境介质为空气的情况下,材料为氧化硅的微纳米光纤的芯层-包层折射率差约为 0.45。

微纳米光纤的另一个特点就是,它的直径达到微纳米量级,可与传输的光波长相比拟。因此,微纳米光纤的光学传输特性必须通过求解 Maxwell 方程的精确解得到[13]。在求解 Maxwell 方程之前我们需要做这样几个假设[14]:①微纳米光纤的直径不小于 10nm,以确保依旧可以使用介电常数和磁导率来描述介质相应的光学性质;②微纳米光纤足够长(＞10μm),以确保建立稳定的模场分布;③微纳米光纤的直径均匀;④微纳米光纤表面足够光滑,可忽略光的散射[14]。基于上述假设,将 Maxwell 方程组简化为 Helmholtz 方程如下:

$$\begin{cases} (\nabla^2 + n^2 k^2 - \beta^2)\boldsymbol{e} = 0 \\ (\nabla^2 + n^2 k^2 - \beta^2)\boldsymbol{h} = 0 \end{cases} \tag{3-4}$$

其中,n 为空间每点的折射率;$k = 2\pi/\lambda$ 为真空中的波数;β 为传播常数。

求解式(3-4)方程得到 HE_{vm} 和 EH_{vm} 模式的特征方程为

$$\left\{\frac{J_v'(U)}{UJ_v(U)} + \frac{K_v'(W)}{WK_v(W)}\right\}\left\{\frac{J_v'(U)}{UJ_v(U)} + \frac{n_2^2 K_v'(W)}{n_1^2 WK_v(W)}\right\} = \left[\frac{v\beta}{kn_1}\right]^2 \left(\frac{V}{UW}\right)^4 \tag{3-5}$$

TE_{0m} 模式的特征方程为

$$\frac{J_1(U)}{UJ_0(U)} + \frac{K_1(W)}{WK_0(W)} = 0 \tag{3-6}$$

TM_{0m} 模式的特征方程为

$$\frac{n_1^2 J_1(U)}{UJ_0(U)} + \frac{n_2^2 K_1(W)}{WK_0(W)} = 0 \tag{3-7}$$

其中,J_v 为第一类贝塞尔函数;K_v 为修正的第二类贝塞尔函数;光纤直径为 d,$U = d\sqrt{k_0^2 n_1^2 - \beta^2}/2$,$W = d\sqrt{\beta^2 - k_0^2 n_2^2}/2$,归一化工作频率为 $V = k_0 d\sqrt{n_1^2 - n_2^2}/2$。式中,$d$ 为微纳米光纤的直径,$n_1 = 1.4505$ 为微

纳米光纤的折射率,$n_2=1.0$ 为空气包层的折射率,k_0 为真空的波数。

$\lambda -1550\mathrm{nm}$ 时,微纳米光纤传输常数和归—化频率以及光纤直径的关系如图 3-4 所示。图中竖直虚线处 $V=2.4048$,这时与其对应的光纤直径为 d_{SM}。当微纳米光纤直径 $d \leqslant d_{\mathrm{SM}}$ 时,只有基模 HE_{11} 在光纤中传播,满足单模条件。光纤直径逐渐增大,光纤中所能容纳的模式数量也逐渐增多,因此,我们可以通过调节直锥形光纤束腰区的直径的方法来控制光纤中传输的模式数目以及模场分布。

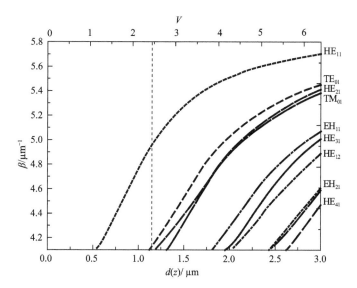

图 3-4 微纳米光纤传播常数和归—化频率及光纤直径的关系图

光纤所能容纳的总模式数量(包括简并模)为[15]

$$N \approx \frac{4}{\pi}V^2 \tag{3-8}$$

通常情况下取归—化常数 $V \leqslant 2.4048$ 为单模工作条件。因此,根据式(3-8)可知,减小光纤直径是实现微纳米光纤单模操作的一个有效办法。取入射波长为 1550nm,那么

$$d \leqslant \frac{V\lambda}{\pi \sqrt{n_1^2 - n_2^2}} \approx 1.129 \, (\mu m) \tag{3-9}$$

时满足单模工作条件。

2. 束腰区微纳米光纤的模场分布

假设微纳米光纤为无限长圆柱系统,E_z 和 H_z 满足的波动方程为

$$\begin{cases} \nabla^2 E_z + k_0^2 n^2 E_z = 0 \\ \nabla^2 H_z + k_0^2 n^2 H_z = 0 \end{cases} \tag{3-10}$$

选用圆柱坐标 (r, φ, z),使 z 轴与光纤中心轴线一致,将上式在圆柱坐标中展开,得到电场分量 E_z 和磁场分量 H_z 的波动方程为

$$\begin{cases} \dfrac{1}{r} \dfrac{\partial}{\partial r} \left(r \dfrac{\partial E_z}{\partial r} \right) + \dfrac{1}{r^2} \dfrac{\partial^2 E_z}{\partial \varphi^2} + \dfrac{\partial^2 E_z}{\partial z^2} + k_0^2 n^2 E_z = 0 \\ \dfrac{1}{r} \dfrac{\partial}{\partial r} \left(r \dfrac{\partial H_z}{\partial r} \right) + \dfrac{1}{r^2} \dfrac{\partial^2 H_z}{\partial \varphi^2} + \dfrac{\partial^2 H_z}{\partial z^2} + k_0^2 n^2 H_z = 0 \end{cases} \tag{3-11}$$

从上述方程求出 E_z 和 H_z,再通过麦克斯韦方程组求出其他电磁场分量,就得到任意位置的电场和磁场。

采用分离变量法,令

$$\begin{bmatrix} E_z \\ H_z \end{bmatrix} = R(r)\Phi(\varphi)Z(z) \tag{3-12}$$

设光沿光纤轴向传输,则 $Z(z) = \exp(-j\beta z)$。由于圆柱坐标的对称性,$\Phi(\varphi)$ 应为方位角 φ 的周期函数:

$$\Phi(\varphi) = \begin{bmatrix} \sin(l\varphi) \\ \cos(l\varphi) \end{bmatrix} \tag{3-13}$$

$R(r)$为未知函数。

把式(3-12)代入式(3-11),得到

$$\begin{cases} \dfrac{\mathrm{d}^2 R(r)}{\mathrm{d} r^2} + \dfrac{1}{r} \dfrac{\mathrm{d} R(r)}{\mathrm{d} r} + \left[n_1^2 k_0^2 - \beta^2 - \dfrac{l^2}{r^2} \right] R(r) = 0 \quad (0 \leqslant r \leqslant a) \\[4mm] \dfrac{\mathrm{d}^2 R(r)}{\mathrm{d} r^2} + \dfrac{1}{r} \dfrac{\mathrm{d} R(r)}{\mathrm{d} r} + \left[n_2^2 k_0^2 - \beta^2 - \dfrac{l^2}{r^2} \right] R(r) = 0 \quad (r \geqslant a) \end{cases}$$

$$(3\text{-}14)$$

其中,a 为微纳米光纤的半径,这样就把分析光纤中的电磁场分布归结为求解贝塞尔(Bessel)方程(3-14)。

为求解方程(3-14),引入无量纲参数 U、W 和 V,利用这些参数,把式(3-14)写成如下形式:

$$\begin{cases} \dfrac{\mathrm{d}^2 R(r)}{\mathrm{d} r^2} + \dfrac{1}{r} \dfrac{\mathrm{d} R(r)}{\mathrm{d} r} + \left(\dfrac{U^2}{a^2} - \dfrac{l^2}{r^2} \right) R(r) = 0 \quad (0 \leqslant r \leqslant a) \\[4mm] \dfrac{\mathrm{d}^2 R(r)}{\mathrm{d} r^2} + \dfrac{1}{r} \dfrac{\mathrm{d} R(r)}{\mathrm{d} r} - \left(\dfrac{W^2}{a^2} + \dfrac{l^2}{r^2} \right) R(r) = 0 \quad (r \geqslant a) \end{cases}$$

$$(3\text{-}15)$$

当 $0 \leqslant r \leqslant a$ 时,式(3-15)的解应取 l 阶贝塞尔函数 $J_l(Ur/a)$,而当 $r \geqslant a$ 时,上式的解应取 l 阶修正的贝塞尔函数 $J_l(Wr/a)$。因此,微纳米光纤的电场和磁场表达式为

$$\begin{cases} E_z(r,\varphi,z) = A \dfrac{J_l(Ur/a)}{J_l(U)} \mathrm{e}^{\mathrm{j}(l\varphi - \beta z)} \\[2mm] \hspace{5.5cm} (0 < r \leqslant a) \\[2mm] H_z(r,\varphi,z) = B \dfrac{J_l(Ur/a)}{J_l(U)} \mathrm{e}^{\mathrm{j}(l\varphi - \beta z)} \\[4mm] E_z(r,\varphi,z) = A \dfrac{K_l(Wr/a)}{K_l(W)} \mathrm{e}^{\mathrm{j}(l\varphi - \beta z)} \\[2mm] \hspace{5.5cm} (r \geqslant a) \\[2mm] H_z(r,\varphi,z) = B \dfrac{K_l(Wr/a)}{K_l(W)} \mathrm{e}^{\mathrm{j}(l\varphi - \beta z)} \end{cases}$$

$$(3\text{-}16)$$

其中,A 和 B 为待定常数,由激励条件确定。

由式(3-16)确定微纳米光纤电磁场的纵向分量 E_z 和 H_z 后,就可以通过麦克斯韦方程组导出电磁场横向分量的表达式。根据光纤边界连续的条件,由式(3-16)可知,E_z 和 H_z 已自动满足。β 满足的特征方程由 E_φ 和 H_φ 的边界条件导出为

$$\left[\frac{J'_l(U)}{UJ_l(U)} + \frac{K'_l(W)}{WK_l(W)}\right]\left[\frac{n_1^2}{n_2^2}\frac{J'_l(U)}{UJ_l(U)} + \frac{K'_l(W)}{WK_l(W)}\right]$$

$$= \left(\frac{\beta}{nK}\right)^2 l^2\left(\frac{1}{U^2} + \frac{1}{W^2}\right)\left(\frac{n_1^2}{n_2^2}\frac{1}{U^2} + \frac{1}{W^2}\right) \tag{3-17}$$

这是一个超越方程,求解该超越方程,就可求得 β 值,并代入电磁场各分量的表达式中,便得到不同模式的模场分布[9]。图 3-5 为直径为 $2\mu m$ 的微纳米光纤中两种低阶模式的模场分布图。

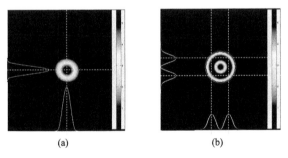

　　　　　　　(a)　　　　　　　　　　　　　(b)

图 3-5　直径为 $2\mu m$,折射率 $n_1 = 1.4505$,$n_2 = 1$ 的微纳米光纤中两种低阶模式的模场分布

3.2.2　直锥形过渡区域的基本理论

1. 直锥形过渡区域的绝热与非绝热条件

绝热条件是指反应系统和外界没有热量交换的状态,所谓绝热就是在反应过程中,既不吸收热量也不散出热量[10]。对于直锥形微纳米光纤,绝热条件是指在其中传播的基模不被显著激发成高阶模式,即各模

式之间基本不发生耦合。

直锥形光纤的绝热条件是从局部直锥形光纤的长度必须大于基模间耦合长度这一条件推导出来的[16]。设基模和高阶模的传输常数分别为 β_1 和 β_2 ，则两模式耦合时的拍长可表示为

$$L_b = \frac{2\pi}{\beta_1 - \beta_2} \tag{3-18}$$

因此，基模和高阶模发生强烈耦合的条件为局部锥区的长度 L_c 须远小于拍长 L_b 。由图 3-1 可知，

$$\Omega(z) = \arctan(dr/dz) \tag{3-19}$$

其中，z 是沿直锥形光纤的距离；$r = d(z)/2$ 表示 z 处的纤芯半径；$\Omega(z)$ 实际上决定了直锥形微纳米光纤的直径纵向变化的快慢。当 $\Omega(z)$ 很小时，式(3-19)可近似地写为

$$\Omega(z) \approx dr/dz \tag{3-20}$$

由式(3-18)和式(3-20)可知，当 $L_c = L_b$ 时，得到绝热传输的临界条件：

$$\Omega(z) = \frac{r(\beta_1 - \beta_2)}{2\pi} \tag{3-21}$$

锥形光纤中 $\Omega(z) = 0$ 表示沿光纤纵向直径不发生变化的均匀单模光纤部分或束腰区部分；当 $\Omega(z) < r(\beta_1 - \beta_2)/(2\pi)$ 时，满足绝热条件，光纤中不存在基模与高阶模式之间的耦合；当 $\Omega(z) > r(\beta_1 - \beta_2)/(2\pi)$ 时，系统处于非绝热状态，光纤中基模与高阶模之间发生耦合，此时，高阶模式被显著激发。

如图 3-6 所示，(a)为用前面介绍的方法计算的直锥形光纤中前三个 LP_{0m} 模式的有效折射率与光纤特征参数 V 的关系曲线，而(b)为根据(a)中的 LP_{01} 模和 LP_{02} 模的有效折射率计算的直锥形光纤中

LP$_{01}$-LP$_{02}$模绝热传输的条件曲线。当直锥形光纤某处的实际锥角大于图 3-6(b)中的绝热曲线相应的绝热角时,光纤中基模的能量便会耦合至高阶模。归一化频率 $V=0.83$ 时所对应的 LP$_{01}$ 模和 LP$_{02}$ 模之间的有效折射率差最小,此时相应的满足绝热条件的局部锥区的锥角出现最小值。

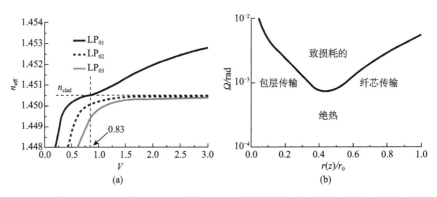

(a) 　　　　　　　　　　　　　　(b)

图 3-6　(a)直锥形光纤中前三个 LP$_{0m}$ 模式的有效折射率与光纤特征参数 V 的关系曲线;
(b)直锥形光纤中 LP$_{01}$-LP$_{02}$ 模绝热传输的条件曲线

2. 直锥形过渡区域的模式耦合分析

将直锥形过渡区域等效成如图 3-7 所示的阶梯形光纤模型。光纤阶梯中第 i 段相应的光纤直径为 $d(i)$,即光纤中的每个阶梯的直径沿纵向是均匀的。

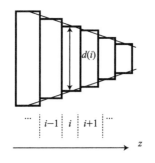

图 3-7　直锥形过渡区域的阶梯近似

近似认为直锥形区是线性变化的,同时认为直锥形区中的模式亦为线偏振模,即 LP 模,则第 i 个阶梯光纤中的 nm 阶模式的特征参数 U_{nm} 和 W_{nm} 分别为

$$U_{nm}^{(i)} = d^{(i)} \sqrt{k_0^2 n_{\text{cl}}^2 - \beta_{nm}^2}/2 \tag{3-22}$$

和

$$W_{nm}^{(i)} = d^{(i)} \sqrt{\beta_{nm}^2 - k_0^2 n_{\text{ext}}^2}/2 \tag{3-23}$$

式中,$\beta_{nm}^{(i)}$ 为光纤中第 i 个阶梯的 nm 阶模式的传播常数,$d^{(i)}$ 为其相应的光纤直径,则第 i 个阶梯光纤的归一化工作频率 V 便可以表示为

$$V^{(i)} = k_0 d^{(i)} \sqrt{n_{\text{cl}}^2 - n_{\text{ext}}^2}/2 \tag{3-24}$$

其中,n_{cl} 即原单模光纤的包层的折射率为此时锥区光纤的纤芯折射率,而环境折射率 n_{ext} 为锥区光纤的包层折射率。通过前面介绍的方法,我们可以用矩阵法求出直锥形光纤的各模式的有效折射率及其模场分布。由于直锥形光纤的整个结构是圆形对称的,根据模式的正交性,只有轴向对称的模式(即 LP$_{0m}$ 模)可能被激发出来。直锥形光纤中第 $(i+1)$ 个阶梯中的 LP$_{0m}$ 模的复振幅 $a_m^{(i+1)}$ 可表示为[17]

$$a_m^{(i+1)} = 2\pi \sum_{n=1} \int_0^\infty \Psi_n^i \exp(-\mathrm{j}\beta_n^i z^{(i)}) \Psi_m^{(i+1)*} r \, \mathrm{d}r \tag{3-25}$$

式中,β_n^i 为直锥形光纤中第 i 个阶梯第 n 阶模式的传输常数;$z^{(i)}$ 为直锥形光纤中第 i 个阶梯的长度;Ψ_n^i 为第 i 个阶梯的 LP$_{0n}$ 模的模场;$\Psi_m^{(i+1)*}$ 为第 $(i+1)$ 个阶梯中 LP$_{0m}$ 模式模场的复共轭。如果该直锥形微纳米光纤的结构是完全对称的,那么在第二个直锥形区某些模式中的能量又会耦合回单模光纤的纤芯中,这时由单模光纤中输出的功率可表示为[18]

$$P_{\text{SMF}} = \left| \sum_t^N a_t^2 \right|^2 \tag{3-26}$$

式中,N 为光纤中所能容纳的 LP_{0m} 模式的总数。

3.2.3　直锥形微纳米光纤传输谱的模拟计算

我们选取的直锥形微纳米光纤的参数如下:单模光纤的纤芯的直径以及折射率分别为 8.2μm 和 1.454,包层的直径以及折射率分别为 125μm 和 1.4505,直锥形微纳米光纤的锥形过渡区域的长度 $L_t =$ 106μm,束腰区微纳米光纤的直径以及长度分别为 4μm 和 $L_w = 8mm$,而外界环境为空气,折射率为 1。该锥形微纳米光纤单模光纤部分和束腰区部分在 $\lambda = 1550nm$ 时相应的归一化频率分别为 $V_{SMF} = k_0 d_{SMF} \cdot \sqrt{n_{co}^2 - n_{cl}^2}/2 = 1.68$ 和 $V_w = k_0 d_w \sqrt{n_{cl}^2 - n_{ext}^2}/2 = 6.39$ 。

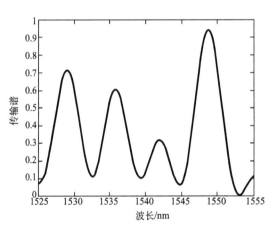

图 3-8 为通过式(3-25)和式(3-26)计算得出的上述直锥形微纳米光纤的传输谱曲线。需要指出的是,在计算中可以将束腰区微纳米光纤部分看成一个阶梯。计算时我们在锥形过渡区考虑了前 8 个包层模式,而在束腰区考虑了前 3 个包层模式(根据前面的计

图 3-8　空气中直锥形微纳米光纤的
传输谱的理论结果

算,直径为 4μm 的微纳米光纤在波长为 1.55μm 时所能承载的 LP_{0m} 模式的数量为 3 个)。从图中可以看出,由于光纤中存在模式耦合,其输出谱出现干涉波形。

3.3　弯曲的锥形微纳米光纤的传输特性

在集成光路中,光路方向的改变是一个不可避免的问题,而光路方向的改变必然涉及波导的弯曲。因此,弯曲波导的研究是一个非常活跃的领域。弯曲会造成弯曲损耗和模式耦合,一般情况下应尽量避免弯曲的存在,但有时也可以利用弯曲产生的模式耦合来制备一些具有特殊性能的光器件。本节在前面分析直锥形微纳米光纤的基础上,详细探讨锥形微纳米光纤的弯曲效应,得出具有弯曲结构的锥形微纳米光纤模间干涉仪的结构参数对输出干涉波形的影响,为该光纤器件及其特性的实验研究打下理论基础。

锥形微纳米光纤的弯曲可分为两种情况:①弯曲发生在束腰区部分;②弯曲发生在锥形过渡区域。第一种情况目前已经有较为详细的研究[19],且可以认为是第二种情况的特殊情形。这里主要讨论第二种情况,即弯曲发生在锥形过渡区时光纤的传输特性。

3.3.1　弯曲的锥形过渡区域的绝热条件与非绝热条件

如果将上述直锥形微纳米光纤的锥形过渡区弯曲,那么直锥形光纤在结构上的对称性被破坏,因此光纤中传输的基模的能量可以耦合到包括 LP_{0m} 在内的所有高阶模。与 LP_{01} 模式的有效折射率最接近的为 LP_{11} 模,因此弯曲锥形区域绝热传输的临界条件为式(3-21),但此时式中 β_2 为 LP_{11} 模的传输常数。

图 3-9 为锥形光纤中 LP_{01}-LP_{02} 模绝热传输条件曲线与 LP_{01}-LP_{11} 模绝热传输条件曲线的对比图。从图中可以看出，LP_{01}-LP_{02} 模绝热传输条件曲线位于 LP_{01}-LP_{11} 模绝热传输条件曲线的上部，说明弯曲使得满足绝热条件的锥形光纤的局部锥角变小了。

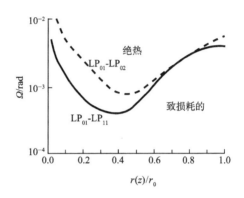

图 3-9　锥形光纤中 LP_{01}-LP_{02} 模与 LP_{01}-LP_{11} 模绝热传输的条件曲线比较

3.3.2　非绝热弯曲的锥形过渡区域的模式耦合分析

光在弯曲的锥形光纤中传输时，当弯曲度较大超过绝热条件时，光波能量会从波导弯曲处辐射到周围空间而产生辐射损耗，一般情况下，光纤的弯曲需要满足绝热条件。但是我们也可以利用非绝热的弯曲锥形微纳米光纤中的模式耦合及干涉特性制备某些光纤器件。因此，有必要对弯曲的锥形微纳米光纤的模式耦合情况进行研究。

1. 分析方法一：阶梯近似法

将锥形过渡区域的弯曲等效成多段光纤带有角度的连接，即相邻的每两段长度为 l 的光纤阶梯之间存在一个夹角 θ，而整个弯曲部分的弯曲半径为 R，如图 3-10 所示。

由于弯曲锥形光纤的对称性被破坏，光纤中的基模能量可以耦合到

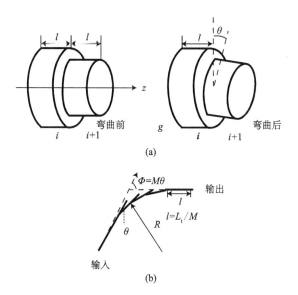

图 3-10　(a)弯曲前和弯曲后的两个相邻光纤阶梯示意图;
(b)锥形光纤弯曲效应理论分析的几何模型

所有高阶模中,锥形光纤中第$(i+1)$个阶梯中的 LP_{pq} 模的复振幅 $a_{pq}^{(i+1)}$ 可表示为[19]

$$a_{pq}^{(i+1)} = 2\pi \sum_{n=0} \sum_{m=1} \int_0^\infty \int_0^{2\pi} \Psi_{nm}^i \exp(-j\beta_{nm}^i z^i)$$

$$\times \exp(j\beta_{nm}^i \theta r \cos\phi) \Psi_{pq}^{(i+1)*} r \mathrm{d}r \mathrm{d}\phi \tag{3-27}$$

式中,β_{nm}^i 为锥形光纤中第 i 个阶梯 LP_{nm} 模式的传输常数;z^i 为锥形光纤中第 i 个阶梯的长度;Ψ_{nm}^i 为第 i 个阶梯的 LP_{nm} 模的模场;$\Psi_{pq}^{(i+1)*}$ 为第$(i+1)$个阶梯中 LP_{pq} 模式模场的复共轭。

选取一段锥形光纤的结构参数如下:两端的锥形区部分是对称的,锥区顶部的光纤直径为 $d_A=5\mu m$,锥区底部直径为 $d_B=20\mu m$,锥形区的长度为 $L_t=2mm$,弯曲半径 R 为 3mm,束腰部分的长度为 $L_t=6mm$。图 3-11 为根据式(3-27)计算的在光波波长 $\lambda=1550nm$ 时锥形光纤中基模沿光纤径向传输时其能量的变化情况,计算中共考虑了前四个模式

（即 LP_{01}、LP_{11}、LP_{21} 和 LP_{02} 模）。从图中可以看出，由于模式之间的耦合，各模式能量在弯曲锥形光纤的传输过程中出现振荡。

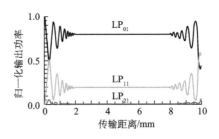

图 3-11　锥形微纳米光纤沿径向方向在不同弯曲曲率半径
下的各传输模式能量分布的演化情况

2. 分析方法二：直波导等效法[15]

如图 3-12 所示，在直光纤中，场分布在其沿光纤传播时是不变的。当光纤以弯曲半径 R 弯曲时，假设光纤的模式仍然是一样的，且规定弯曲半径比纤芯半径 r 大很多（即 $r \ll R$）。光在弯波导中传输时为了保持模式的一致性，模式的波阵面必须以曲率中心为支点，这样就会导致相速度失调的问题。而为了与模式保持一致，在离纤芯距离为 r' 的地方的波阵面的速度必须为 $(1 + r'/R)$ 的 $c/n_{有效}$ 倍。在一些临界位置上，这个速度要大于 c/n_2，这是不可能的，所以这些位置上的场与辐射模相对应，因此弯波导在本质上是泄露的。

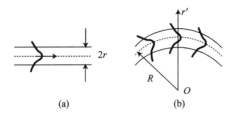

图 3-12　直光纤和弯曲光纤的示意图
（a）直光纤；（b）弯曲光纤

根据上面的理论和图 3-12 给出的示意图,弯波导中的波传播可以用等价的直波导米描述。对于给定的传播常数 β,靠外的模要走更远的路程和更大的位移,因此等价波导的折射率可以写成

$$n_{\mathrm{eq}}(r') = n(r')\left(1 + \frac{r'}{R}\cos\phi'\right) \tag{3-28}$$

式中,r' 为距离纤芯的径向距离;ϕ' 为在光纤截面测量的方位角。径向距离是从曲率中心 O 开始测量的。图 3-13 是一个等价折射率分布的示意图,其中水平线表示光纤模式的等价折射率 $n_{\text{有效}}$。

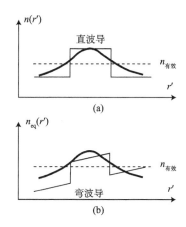

图 3-13　直波导的折射率分布与模式波函数和等价的弯曲波导的折射率分布

图 3-14 是基于直波导等效法模拟计算的曲率半径为 3mm 时的锥形光纤在直径为 30μm 处的前几个低阶模式的场分布图。其中,图中模式下标"e"和"o"表示沿光纤的截面坐标轴分布的偶模和奇模,它们在直光纤中除了一个 90° 的旋转,其他都是对称一致的,但是弯曲破坏了这种对称性。

图 3-15 为不同曲率半径下的锥形光纤在直径为 15μm 处的前几个低阶模式的有效折射率值。从图中可以看出,当弯曲半径足够小时,

LP$_{11e}$模和LP$_{11o}$模互相分离开。同样的情况也发生在LP$_{21e}$模和LP$_{21o}$模，只是分离的幅度小一些。这表明当弯曲达到一定程度时，奇模与偶模之间便出现速度失配。

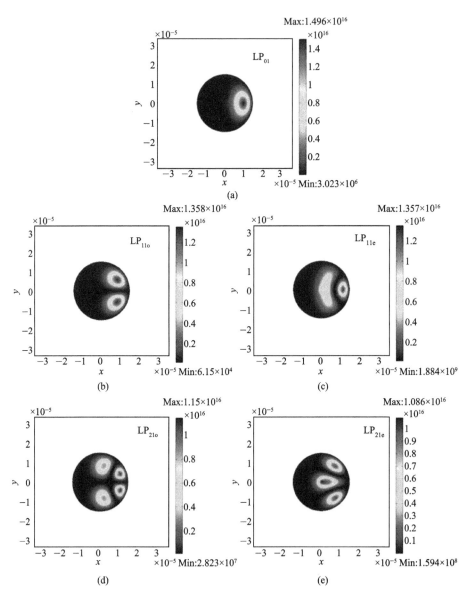

图 3-14 弯曲光纤的前几个低阶模式的场分布（右边为电场分量的标尺）

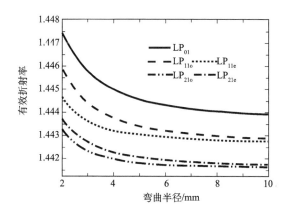

图 3-15　弯曲光纤中前几个低阶模式的有效折射率随曲率半径的变化
当曲率半径很大时,LP_{nme} 和 LP_{nmo} 模的有效折射率基本一致,但是当曲率
半径足够小时,这两个值会互相分离。这种现象在低阶模中更为明显

接下来,我们研究锥形区的弯曲程度与其所激发的高阶模模式数量及其能量的关系。选取一段锥形光纤的结构参数如下:锥区顶部的光纤直径为 $d_A = 3.7\mu m$,锥区底部直径为 $d_B = 25\mu m$,锥形区的长度为 $L_t = 2.8mm$,弯曲曲率 $1/R$ 从 0 变化到 2(即锥形区从不弯变化到弯曲半径 R 为 0.5mm)。图 3-16 为在不同的锥形区域弯曲曲率下束腰区微纳米光纤中所激发的模式以及各模式的能量分布情况,计算中,我们考虑了光纤中前 5 个低阶模式。从图中可以看出,随着曲率 $1/R$ 逐渐增大,基模中的能量耦合到高阶模 LP_{nmo} 中的能量先增大到某一个最大值后减小,而在同样的过程中,基模耦合到高阶模 LP_{nme} 中的能量曲线出现振荡。各模式中的能量大小也随着曲率的增大而逐渐稳定。当曲率 $1/R$ 小于 $0.1mm^{-1}$ 时,基模中的能量只耦合到次高阶模中;当曲率大于 $0.769mm^{-1}$ 时为多模耦合;当曲率处于 $0.1mm^{-1}$ 和 $0.769mm^{-1}$ 之间时,基模中的能量大部分耦合到次高阶模中。

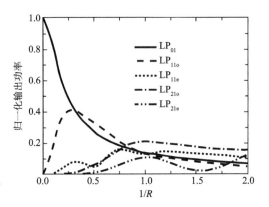

图 3-16　不同弯曲曲率下锥形光纤中前几个低阶模式的能量分布

3.3.3　非绝热弯曲锥形微纳米光纤的传输谱的模拟计算

如前所述,当锥形微纳米光纤两端的锥形过渡区发生非绝热弯曲时,这个结构便形成一个模间干涉仪,在第一个弯曲的锥形区部分光纤中基模的能量会耦合到各个高阶模,这些激发出来的高阶模和基模在光纤的束腰区部分传输时,由于传输速度不一样而产生相位差,然后又在到达第二个弯曲的锥形区时发生耦合,最终耦合回基模的能量和模式间的相位差相关,可用下式表示:

$$I = \sum_m I_m + 2\sum_{m>n}\sum \sqrt{I_m I_n}\cos\phi_{mn} \qquad (3\text{-}29)$$

其中,I_m 和 I_n 分别表示第 m 阶模式和第 n 阶模式的光的能量;ϕ_{mn} 为相应的两个模式之间的相位差:

$$\phi_{mn} = \int_0^L \delta\beta\mathrm{d}z \qquad (3\text{-}30)$$

式中,$\delta\beta$ 为两个传输模式的传输常数差;L 为两个模式的干涉长度;z 为光的传输方向。两个传输模式间发生干涉的条件为

$$\Delta\beta L = 2N\pi \quad (N = 1,2,3,\cdots) \qquad (3\text{-}31)$$

因此,弯曲锥形微纳米光纤的输出干涉波形的自由光谱区(FSR)可表示为

$$FSR \approx \frac{2\pi\lambda}{\Delta\beta L} \qquad (3\text{-}32)$$

根据以上公式,可以定性讨论弯曲锥形微纳米光纤的各结构参数对传输谱干涉波形的影响。锥形过渡区的弯区半径 R 决定了光纤中所激发的高阶模数以及各模式中的能量大小,因此可以通过改变 R 来控制干涉模式的数量和获得较大的干涉峰幅度。在保持其他条件不变的情况下,弯曲锥形微纳米光纤的束腰区长度 L 越大,干涉波形的 FSR 越小。同理,束腰区直径越小,模式间的有效折射率差越大,干涉波形的 FSR 也越小,但是当束腰区的直径小到满足微纳米光纤单模传输条件时,弯曲锥形区域所激发出的高阶模式在束腰区被截止,溢出锥形微纳米光纤,在外界环境中传输。因此,束腰区不再是多模传输,干涉现象也随之消失且传输损耗比较大。

图 3-17 是依据 3.1 节中图 3-2 给出的 3 个锥形微纳米光纤模型在优化弯曲状态下计算的波长在 $1.525 \sim 1.555\mu m$ 范围内的传输谱。计算中,取弯曲部分锥形区的顶部的直径 d_A 为锥形光纤束腰区直径,底部直径为 $d_B = 20\mu m$,弯曲半径为 $R = 3mm$。其中,图(a)的干涉峰幅度最大可达到约 36dB;图(c)中由于束腰区直径很小($0.82\mu m$),波长所在区域满足单模条件,只能容纳基模在其中传输,因此不再出现干涉波形,且传输损耗大大增加。

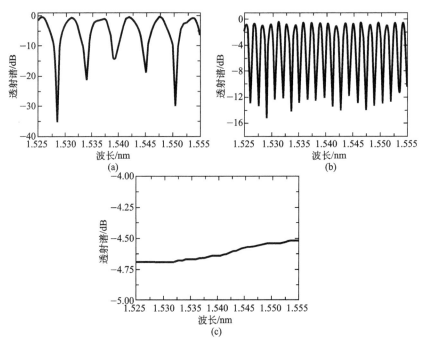

图 3-17　不同结构尺寸的非绝热弯曲锥形微纳米光纤在优化的弯曲状态下的传输谱曲线
(a)$d_w=5\mu m, L_w=10mm$;(b)$d_w=1.8\mu m, L_w\approx 10.6mm$;(c)$d_w=0.82\mu m, L_w=11.6mm$

3.4　本 章 小 结

本章在分析了直锥形微纳米光纤的传输特性基础上详细探讨了具有弯曲结构的锥形微纳米光纤的传输特性。本章从直锥形微纳米光纤束腰区的单模条件、锥形过渡区域的绝热条件等入手,在前一部分对直锥形微纳米光纤的多模干涉效应进行了详细的理论分析,并给出了干涉谱的模拟计算方法。本章的后一部分,将弯曲结构引入锥形区域,并在前部分分析的基础上给出具有弯曲结构的锥形微纳米光纤的绝热与非绝热条件,然后分别用阶梯近似法和直波导等效法对非绝热弯曲锥形光纤的模式耦合进行了理论分析并对其传输谱进行了模拟计算。结果表明,对于由弯曲锥形微纳米光纤构成的模间干涉器件,优化其结构参数可以获得所需的光纤干涉器件。本章工作为后续相关章节的弯曲锥形微纳米光纤模间干涉仪特性的实验结果分析打下理论基础。

参 考 文 献

[1] Love J D, Henry W M, Stewart W J, et al. Tapered single-mode fibers and devices, Part 1: Adiabaticity criteria. Proc. Inst. Elect. Eng. ,1991,138(5):343-354.

[2] Little B E, Laine J P, Haus H A. Analytic theory of coupling from tapered fibers and half-blocks into microsphere resonators. J. Lightw. Technol. ,1999, 17(4):704-715.

[3] He Y, Shi F G. A grade-index fiber taper design for laser diode to single-modefiber coupling. J. Lightw. Technol. ,1999,17(4):704-715.

[4] Black R J, Lacroix S, et al. Tapered single-mode fibres and devices,Part 2: Experimental and theoretical quantification. Proc. Inst. Elect. Eng. , 1991, 138:355-364.

[5] Frazao O, Caldas P, et al. Optical flowmeter using a modal interferometer based on a single nonadiabatic fiber taper. Opt. Lett. ,2007,32(14):1974-1976.

[6] Tian Z B, Yam S S, Loock H P. Refractive index sensor based on an abrupt taper Michelson interferometer in a single-mode fiber. Opt. Lett. , 2008, 33(10),1105-1107.

[7] Tian Z B, Yam S S H, Barnes J, Bock W, Greig P, Fraser J M, Loock H-P, Oleschuk R D. Refractive index sensing with Mach-Zehnder interferometer based on concatenating two single-mode fiber tapers. IEEE Photon. Technol. Lett. , 2008, 20(8):626-628.

[8] Tong L M, et al. Subwavelength-diameter silica nanowires for low-loss opti-

cal wave guiding, Nature, 2003, 426(6968): 816-819.

[9] 洪泽华. 微纳光波导倏逝场耦合结构及其特性研究. 上海交通大学博士学位论文, 2012.

[10] 徐颖颖. 非绝热锥形微纳光纤的多模效应及其在微混合器中的应用. 浙江大学硕士学位论文, 2011.

[11] Zheng X H. Understanding radiation from dielectric tapers. J. Opt. Soc. Am. A, 1989, 6(2): 190-201.

[12] Birks T A, Li Y W. The shape of fiber tapers. J. Lightwave Technol., 1992, 10(4): 432-438.

[13] Snyder A W, Love J. Optical Waveguide Theory. London & New York: Chapman and Hall, 1983.

[14] Tong L M, Lou J Y, Mazur E. Modeling of subwavelenght-diameter optical wire waveguides for optical sensing applications. Advanced Sensor Systems and Applidations II Pt Land 2, 2004, 5634: 416-423.

[15] Yariv A. 现代通信光电子学. 北京: 电子工业出版社, 2009.

[16] Love J D. Application of a low-loss criterion to optical waveguides and devices. IEE Proc. J., 1989, 136(4): 225-228.

[17] Tripathi S M, Kumar A, Marin E, et al. Highly sensitive refractive index sensor based on cladding mode interference in microtapered SMF. International Conference on Optical Fiber Sensors, 2011, 7753C: 1-4.

[18] Tripathi S M, Kumar A, Varshney R K, et al. Strain and temperature sensing characteristics of single-mode-multimode-single-mode structures. J. Lightwav. Technol., 2009, 27(13): 2348-2356.

[19] Matias I, et al. Transmitted optical power through a tapered single-mode fiber under dynamic bending effects. Fiber and Integrated Optics, 2003, 22: 173-187.

第4章 覆盖微纳米液晶涂覆层的长周期光纤光栅特性的实验研究

由第2章的分析可知,通过优化LPFG的微纳米涂覆层的相关参数(包括涂覆层厚度与折射率),可以实现光栅中传输的包层模模场的重新分布,出现模式迁移的现象,从而实现基于LPFG的高灵敏度大范围调谐。

液晶是一种高分子材料,具有特殊的物理、化学、光学特性。液晶的折射率随外界温度以及外加电场的变化而改变,液晶的这种光学性质可调谐的特征使之成为制备光子器件的一种重要材料。

本章提出将液晶作为LPFG表面纳米涂覆层材料,介绍了液晶材料的光学性质,并从实验上测量了不同环境温度下型号为MDA-98-3699的液晶材料的相应折射率。然后从理论上对覆盖微纳米液晶涂敷层的LPFG器件的结构进行了优化设计,并根据优化后的参数,采用相关微纳米工艺制备了相应的器件,利用液晶材料特殊的热光及电光效应,我们还从实验上对该器件的温度特性以及电光调谐特性进行了深入细致的研究。该器件可用于可调滤波器、高速光开光等。

4.1　液晶材料简介及其折射率测量

4.1.1　液晶的特点及分类[1,2]

液晶是一种状态介于传统液体和固态晶体之间的物质,具有液体的流动性,同时其分子排列又与晶体的分子排列具有相似性。根据液晶不同的光学性质(如双折射特性)可将液晶分为许多不同的液晶相。在偏振光源下用显微镜对液晶进行观察时,不同液晶相会呈现出各自不同的结构。液晶分子具有细长的条状结构,其取向与液晶的表面状态和其他分子相关[3]。而液晶材料也不总是呈现出液晶相(就好似水在一定条件下会变成冰或水蒸气)。根据分子的不同,一般可将液晶分为向列相、胆甾相和近晶相三种[3]。

近晶相液晶是在较向列相液晶于更低温的情况下发现的,近晶相这个词来源于拉丁语 smecticus,意为皂类、润滑剂等,表示这类液晶具有类似润滑剂的特性。近晶相液晶分子排列成层,如图 4-1(a)所示。这种层状结构排列的条状或棒状分子的长轴相互平行,相互之间可以滑动,具有正单轴晶体的双折射性。

向列相是一种最常见的液晶相。这个词来自希腊文 $\nu\acute{\eta}\mu\alpha$。向列相液晶分子为长径比很大的棒状或杆状分子,这些分子没有位置的顺序,但整体上,分子的长轴是大致平行的,如图 4-1(b)所示。向列相液晶分子顺着长轴方向可以自由移动,具有流动性,但是其分子取向可以很容易地由外部磁场或电场进行调整,对齐的向列相液晶具有单轴晶体的光

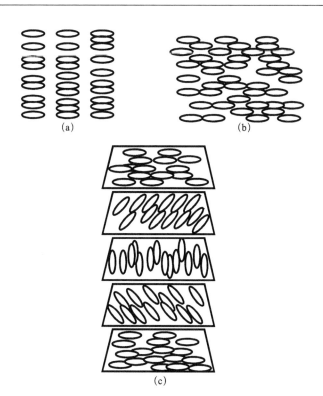

图 4-1　液晶
(a)近晶型；(b)向列型；(c)胆甾型

学性质,这使得向列相液晶被广泛地应用于液晶显示器(LCD)。

　　胆甾型液晶是具有手性的向列相液晶,之所以称为胆甾相,是因为它是胆甾醇经酯化或卤素取代后呈现出的液晶相。这类液晶和近晶型液晶一样具有层状结构,其分子呈扁平形状,其分子长轴在层内与向列相液晶相似是相互平行的,如图 4-1(c)所示。胆甾型液晶各层的分子取向都稍有变化,其整体呈现螺旋结构,螺旋长度为可见光波长量级,具有负单轴晶体的双折射性[3]。通过施加电场、磁场的方法可以使得胆甾相液晶变成向列相液晶。

　　本书利用向列相液晶的热光特性和电光特性,实现大范围高灵敏度的长周期光纤光栅调谐。向列型晶体的光轴与分子取向一致,一般有

$\Delta n = n_\text{e} - n_\text{o} = n_\parallel - n_\perp > 0$，为正光性晶体。表征液晶分子整齐有序排列的参数就称为有序参数，一般情况下用下式定义：

$$S = \frac{1}{2}(3\cos^2\theta - 1) \tag{4-1}$$

式中，θ 为单个液晶的长轴与液晶分子总取向 n 之间的夹角。

该值与液晶材料和温度有关。温度越高，S 值越小，当温度达到各向同性温度时，$S = 0$，可用表示为

$$S = K[(T_\text{c} - T)/T_\text{c}] \tag{4-2}$$

式中，T_c 和 T 分别为向列相液晶的各向同性温度（℃）和实际温度（℃）；K 为比例常数。

1. 液晶的热光效应

液晶的热光效应是指，当环境温度发生变化时，液晶的光学性质会发生相应的改变。如果液晶结构中不含永久偶极矩，在一定温度下，液晶各向异性主要取决于分子的极化率。液晶折射率的各向异性随温度的变化可以用分子轴向分布的温度变化来表示，根据钱德拉赛克哈的研究，公式如下[4]

$$(n_\text{e}^2 - n_\text{o}^2)\left(\frac{\rho_0}{\rho}\right)^4 \approx \frac{A}{T} + \frac{B}{T^2} + \frac{C}{T^3} + \frac{D}{T^4} \tag{4-3}$$

其中，n_e 和 n_o 分别表示非常光和寻常光的折射率；ρ_0 和 ρ 为液晶在向列相-各向同性液相相变点及温度 T 时的密度。在液晶相的温度范围内，$\left(\dfrac{\rho_0}{\rho}\right)^4$ 大致上可以看成常数。

2. 液晶的电光效应

液晶中存在电光效应。这类电光效应大多包含了在外加电场作用

下其光学性能的转变。由于介电各向异性,在外加电场作用下液晶中的分子受到转矩作用,它们趋向于静电能最小的方式重新取向。如果在边界处的液晶分子通过表面处理后(如经过摩擦)沿着确定的方向固定,液晶取向的分布就取决于静电力(或者转矩)与弹性力之间的平衡。尽管液晶的光学特性为各向异性,液晶中分子取向的任何改变都很容易用肉眼观察到。时间常数受液晶中分子重新取向的影响,其量级是 10^{-3} s,依赖于材料的黏滞度。

令 θ 为定向偶极子 n(或者液晶的光轴)与液晶中传播的光束方向之间的夹角。从光束中看到的非常折射率定义如下:

$$\frac{1}{n_e^2(\theta)} = \frac{\cos^2\theta}{n_o^2} + \frac{\sin^2\theta}{n_e^2} \qquad (4\text{-}4)$$

其中,n_o 和 n_e 分别是液晶的寻常折射率和非常折射率。这样,这两种传播模式间的相位延迟如下所示:

$$\Gamma = \frac{2\pi}{\lambda}[n_e(\theta) - n_o]d \qquad (4\text{-}5)$$

其中,d 为液晶盒内的相互作用长度。

4.1.2　液晶折射率的测量原理

本书提出将液晶作为 LPFG 表面的纳米涂覆层材料,并利用液晶独特的热光效应及电光效应来研究覆盖微纳米涂覆层的 LPFG 的热光及电光调谐特性。这里首先对不同温度下液晶的折射率进行研究。

不同温度下液晶的折射率可以利用菲涅耳(Fresnel)反射原理来测量。菲涅耳反射的原理是,当一束光线入射到两种不同介质构成的界面上时,由于两种介质的折射率不一样,一部分光会反射回来。通过菲涅

耳反射公式得到电场振幅的反射率[4]为

$$\frac{E_{\mathrm{p}}'}{E_{\mathrm{p}}} = \frac{\tilde{n}_2 \mu_1 \cos i_1 - \tilde{n}_1 \mu_2 \cos i_2}{\tilde{n}_2 \mu_1 \cos i_1 + \tilde{n}_1 \mu_2 \cos i_2} \tag{4-6}$$

$$\frac{E_{\mathrm{s}}'}{E_{\mathrm{s}}} = \frac{\tilde{n}_1 \mu_2 \cos i_1 - \tilde{n}_2 \mu_1 \cos i_2}{\tilde{n}_1 \mu_2 \cos i_1 + \tilde{n}_2 \mu_1 \cos i_2} \tag{4-7}$$

其中，E_{p} 和 E_{p}' 分别表示入射光中平行于入射面的电场振幅和与之对应的反射振幅；E_{s} 和 E_{s}' 分别表示入射光中垂直于入射面的电场振幅和与之对应的反射振幅；i_1 和 i_2 分别表示入射角与折射角；$\mu_i (i=1,2)$ 表示两种不同介质的相对磁导率；$\tilde{n}_i = n_i - i k_i (i=1,2)$ 表示两种不同介质的复振幅（其中，n_i 表示两种不同介质材料的折射率，k_i 为其相应的衰减系数）。

在实验中光纤端面是平切的，即 $i_1 = 90$℃。对于可见光频和近红外光频，相对磁导率为 1，所以式(4-6)和式(4-7)可简化[4]为

$$\frac{E_{\mathrm{p}}'}{E_{\mathrm{p}}} = \frac{\tilde{n}_2 - \tilde{n}_1}{\tilde{n}_2 + \tilde{n}_1} \tag{4-8}$$

$$\frac{E_{\mathrm{s}}'}{E_{\mathrm{s}}} = \frac{\tilde{n}_1 - \tilde{n}_2}{\tilde{n}_1 + \tilde{n}_2} \tag{4-9}$$

由上式可知，总的光强反射功率可表示为

$$R = \left| \frac{E_{\mathrm{s}}'}{E_{\mathrm{s}}} \right|^2 = \left| \frac{E_{\mathrm{p}}'}{E_{\mathrm{p}}} \right|^2 = \left| \frac{\tilde{n}_1 - \tilde{n}_2}{\tilde{n}_1 + \tilde{n}_2} \right|^2 \tag{4-10}$$

4.1.3 不同温度下液晶折射率的测量方法

不同温度下液晶折射率的测量实验原理图见图 4-2。在一个 3dB 的 X 形光纤耦合器的一个输入端上接一个工作波长为 $\lambda = 1550\mathrm{nm}$ 的激光器，另一个输入端接一个功率计。将该耦合器的一个输出端闲置，而另

一个端面是平切的输出端作为探测光纤浸入待测液晶中[4]。通过由功率计探测到的来自于探测光纤端面的反射光来计算液体的折射率[5]。

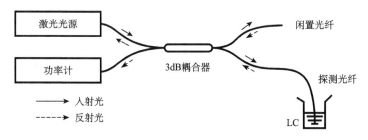

图 4-2　测量不同温度下液晶折射率的实验装置图

对所测得的实验数据进行定标,将探测光纤的端面浸入两种折射率已知的介质中,测量反射光的强度。我们选择水和空气两种样品来定标[4]。

空气和水的折射率可由经验公式求得[4]

$$n_a(\tilde{v}, T, p) = 1 + \left(6.4328 \times 10^{-3} + \frac{2.94981 \times 10}{1.46 \times 10^{10} - \tilde{v}^{-2}} + \frac{2.544 \times 10}{4.1 \times 10^{9} - \tilde{v}^{-2}}\right)$$

$$\times \frac{p(1.054915 + 8.3 \times 10^{-4} p - 1.2423 \times 10^{-5} pT)}{1.013877 + 3.7118 \times 10^{-3} T} \quad (4\text{-}11)$$

$$n_w(T, \lambda) = 1.31405 - 2.02 \times 10^{-6} T + (15.868 - 0.00423T)\lambda^{-1}$$

$$- 4328\lambda^{-2} + 1.1455 \times 10^{-6} \lambda^{-3} \quad (4\text{-}12)$$

其中,$\tilde{v}$ 的单位为 cm^{-1};T 为温度,其单位为℃;p 为大气压,单位为 Pa;λ 为波长,单位为 nm。将 $\lambda = 1550nm$ 和 $p = 1.01325$ 代入上式中,得到相应条件下温度从 20℃变化到 65℃时的空气和水的折射率,如图 4-3 所示。从图中可以看出,空气和水的折射率随温度变化呈近似线性的关系,随着温度的升高,空气和水的折射率逐渐减小。

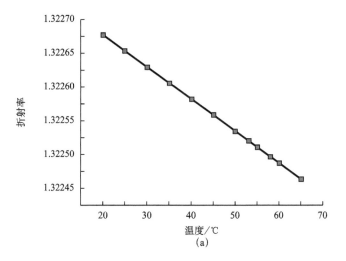

(a)

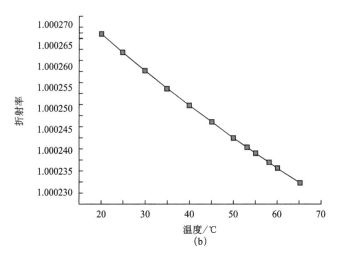

(b)

图 4-3　温度与(a)水和(b)空气折射率变化的对应关系

根据式(4-10),可以获得本征反射光功率 P_0 计算公式:

$$\frac{(P_w - P_0)S}{(P_a - P_0)S} = \frac{P_w - P_0}{P_a - P_0} = \frac{\left(\dfrac{n_{fc} - n_w}{n_{fc} + n_w}\right)^2}{\left(\dfrac{n_{fc} - n_a}{n_{fc} + n_a}\right)^2} \tag{4-13}$$

其中,S 为光纤端面的有效面积;P_a 为探测光纤置于空气中的反射光功率;P_w 为探测光纤探测端浸入水中时测得的反射光功率。由于空气和水的衰减系数都为 0,故 $\tilde{n}_a = n_a$ 及 $\tilde{n}_w = n_w$（n_a 和 n_w 分别为空气和水的折射率）。由式(4-13)可求得本征反射光功率 P_0 为

$$P_0 = \frac{P_w \left(\dfrac{n_{fc} - n_a}{n_{fc} + n_a}\right)^2 - P_{air} \left(\dfrac{n_{fc} - n_w}{n_{fc} + n_w}\right)^2}{\left(\dfrac{n_{fc} - n_a}{n_{fc} + n_a}\right)^2 - \left(\dfrac{n_{fc} - n_w}{n_{fc} + n_w}\right)^2} \tag{4-14}$$

同理,可得液晶的折射率为

$$\frac{(P_{lc} - P_0)S}{(P_a - P_0)S} = \frac{P_{lc} - P_0}{P_a - P_0} = \frac{\left|\dfrac{n_{fc} - \tilde{n}_{lc}}{n_{fc} + \tilde{n}_{lc}}\right|^2}{\left(\dfrac{n_{fc} - n_a}{n_{fc} + n_a}\right)^2} = \frac{\dfrac{(n_{fc} - n_{lc})^2 + k_{lc}^2}{(n_{fc} + n_{lc})^2 + k_{lc}^2}}{\left(\dfrac{n_{fc} - n_a}{n_{fc} + n_a}\right)^2}$$

$$\tag{4-15}$$

式中,P_{lc} 为将探测光纤置于液晶中的反射光功率。

通过式(4-15)可以求出关于液晶折射率 n_{lc} 的表达式如下:

$$n_{lc} = \frac{\left[1 + \left(\dfrac{P_{lc} - P_0}{P_a - P_0}\right)\left(\dfrac{n_{fc} - n_a}{n_{fc} + n_a}\right)^2\right] n_{fc}}{\left[1 - \left(\dfrac{P_{lc} - P_0}{P_a - P_0}\right)\left(\dfrac{n_{fc} - n_a}{n_{fc} + n_a}\right)^2\right]}$$

$$\pm \sqrt{\left\{\frac{\left[1 + \left(\dfrac{P_{lc} - P_0}{P_a - P_0}\right)\left(\dfrac{n_{fc} - n_a}{n_{fc} + n_a}\right)^2\right] n_{fc}}{\left[1 - \left(\dfrac{P_{lc} - P_0}{P_a - P_0}\right)\left(\dfrac{n_{fc} - n_a}{n_{fc} + n_a}\right)^2\right]}\right\}^2 - n_{fc}^2 - k_{lc}^2}$$

$$\tag{4-16}$$

首先根据式(4-14)求出某一特定温度下的本征反射光功率 P_0,将其代入式(4-16)中,就可以得到该温度下待测液晶的折射率。由于实验中所用的液晶折射率比光纤折射率 n_{fc} 大,所以在实际计算中,式(4-16)中的第一项和第二项之间取"+"号。

4.1.4　不同温度下液晶折射率的实验测量结果

根据以上给出的液晶折射率的测量方案,依照图 4-2 所示的实验结构图,对液晶在不同温度下的折射率进行实验测量。本实验中的待测样品液晶的型号为 MDA-98-3699(产自德国默克公司)。作为探测光纤的有效折射率 n_{fc} 取为 1.46,而水和空气的折射率与温度的对应关系见图 4-3。温度控制由温控箱提供。

我们根据 4.1.3 节介绍的方法,调节温控箱的温度从 20℃变化至 65℃,并用功率计读出相应温度下的反射光功率 P_{lc};然后,将测得的 P_w 和 P_a 值以及所得的 P_0 值代入式(4-16)中,求出温度从 20℃变化至 65℃ 过程中不同温度下液晶的折射率 n_{lc} 的数值,见图 4-4。从图中我们可以看出,当温度从 20℃变化至 65℃的过程中,液晶的折射率随温度升高逐渐增大,变化的范围为 1.477~1.515。

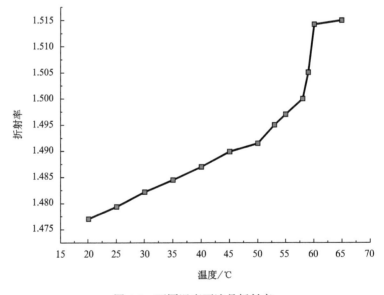

图 4-4　不同温度下液晶折射率

4.2　覆盖微纳米液晶涂覆层的 LPFG 器件的制备

根据第 2 章的理论分析可知,在长周期光纤光栅的表面涂上一层折射率高于光纤包层折射率的微纳米薄膜,优化该薄层的相关参数,长周期光纤光栅的谐振峰的中心波长会有很大的漂移。本节通过数值计算对覆盖液晶微纳米涂覆层的 LPFG 进行了结构参数的优化,并采用简单的刷涂工艺在 LPFG 表面成功制备了几种不同纳米量级厚度的液晶薄层。利用液晶独特的热光效应和电光效应,实现对覆盖微纳米涂覆层的 LPFG 的基模与包层模之间的耦合特性的大范围、高灵敏度热光调谐和电光调谐。

4.2.1　器件结构参数优化计算

根据第 2 章介绍的四层 LPFG 结构模型中的各包层模有效折射率的计算方法和实验测得的液晶的折射率参数,首先对覆盖微纳米液晶涂覆层的 LPFG 器件的结构参数进行优化设计。

用于制作覆盖微纳米液晶涂覆层的 LPFG 器件的长周期光纤光栅是利用聚焦的 CO_2 激光脉冲逐点写在 Corning SMF-28 单模光纤上,其相关参数为:光纤纤芯和包层折射率分别为 1.468 和 1.4628,光栅周期为 $620\mu m$,长度是 50mm。

我们使用的液晶由德国 Merk 公司提供,型号为 MDA-98-3699。从 4.1 节的实验结果可知,当 $\lambda=1550nm$ 时,该液晶在 20℃无外加电场情况下的折射率为 1.477,比光纤包层折射率值大。

图 4-5 所示为不同涂覆层厚度下当涂覆层的折射率由 1.47 变化到 1.55 时,LPFG 中传输的包层模(LP$_{02}$～LP$_{07}$模)的有效折射率的变化情况。图 4-5(a)所示涂覆层的厚度为 600nm。从图中可以看出,各包层模的有效折射率随着涂覆层的折射率增大而缓慢地增大直至某个特定值。在此特定值处,涂覆层折射率的一个微小的变化就会导致各包层模式有效折射率的显著改变。对于每一个固定厚度的高折射率涂覆层,总存在这样一个折射率值,使得最低阶的包层模的模场分布超过包层的范围到达涂覆层。当最低的包层模的模场分布范围扩大至涂覆层中进行传输时,其他包层模也会出现重新分布,这就是所谓的模式迁移现象。图 4-5(b)～(d)分别为涂覆层厚度分别为 700nm、800nm 和 900nm 时,相应 LPFG 各包层模有效折射率与涂覆层折射率之间的关系。将其与图(a)作对比,可以得出结论:①当液晶纳米涂覆层的折射率高于光纤包层折射率时,选择适当的涂覆层厚度与液晶的折射率相对应,便可以观察到 LPFG 中的模式迁移现象;②在液晶的折射率由 1.477 变化到 1.515 的范围中,使 LPFG 发生模式迁移的液晶涂覆层的有效折射率值随着涂覆层厚度的增大而变小。

根据以上计算结果,可以得出实验中相应的长周期光纤光栅表面液晶涂覆层厚度的优化值,即处于 600～900nm,在此范围内可以通过控制环境温度或者外加电压来改变液晶材料的有效折射率,从而对光纤器件的传输谱进行控制。

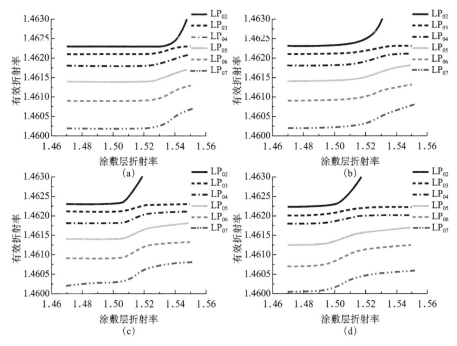

图 4-5　LPFG 包层模有效折射率与(a)60nm、(b)700nm、(c)800nm 和(d)900nm 厚度涂覆层折射率的关系

4.2.2　器件制备

接下来我们进行器件的制备。为了使 LPFG 在液晶涂覆层的刷涂过程中保持直而不弯的状态，我们用一个特制的装置来固定 LPFG,该装置在固定 LPFG 的同时还可以 360°自由旋转 LPFG,如图 4-6 所示。

液晶纳米涂覆层制备过程如下:我们用一根洁净的棉签蘸取适量的液晶后涂抹在 LPFG

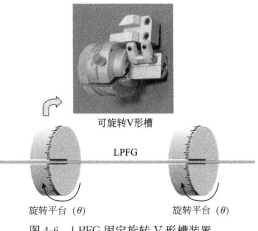

图 4-6　LPFG 固定旋转 V 形槽装置

的光栅区表面,涂刷过程中旋转固定 LPFG 的 V 形槽使液晶可以均匀地分布在光栅表面,涂刷时应顺着一个方向而不是来回反复涂刷。实验表明:①液态的液晶材料由于表面张力的缘故会在 LPFG 的表面形成一层非常薄的包覆层;②涂覆层的厚度与涂刷的次数相关,一般来说涂刷次数越多,涂层越厚。

图 4-7 为 LPFG 在涂抹上液晶薄层前后的 CCD 对比照片。从照片可以看出,液晶薄层基本是均匀地分布在 LPFG 表面的。图 4-8 为覆盖不同厚度的液晶涂覆层的 LPFG 的 CCD 照片。其中,图 4-8(a)显示液晶层的厚度约为 400nm,而图 4-8(b)显示液晶层厚度约为 800nm。从图中可以看出,液晶涂覆层的均匀性与液晶层的厚度是相关的,液晶层越厚,其均匀性越差。

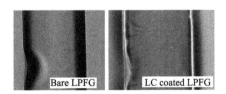

图 4-7　LPFG 涂抹上液晶薄层前后的 CCD 照片

图 4-8　覆盖不同厚度的液晶涂覆层的 LPFG 的 CCD 照片
(a)400nm;(b)800nm

4.3　覆盖微纳米液晶涂覆层的 LPFG 器件的调谐特性研究

4.3.1　热光调谐特性

图 4-9 是研究覆盖微纳米液晶涂覆层的 LPFG 的温度特性的实验装置示意图。用液晶包覆的 LPFG 的一端与一个输出光波长范围为 1400～1700nm 的白光光源（anritsu white light source MG922A）相连接，另一端与一个精度为 0.07nm 的光谱仪（OSA）相连，用于观察白光通过 LPFG 的透射谱。温度控制由温控箱提供，温度的变化范围是20～65℃。

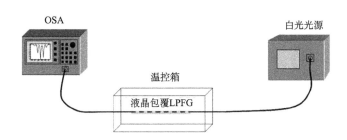

图 4-9　覆盖微纳米液晶涂覆层 LPFG 温度特性研究的实验装置示意图

图 4-10 所示为覆盖约 800nm 厚度液晶涂覆层的 LPFG 的透射谱随温度变化漂移的过程。我们主要观察了 LPFG 中 LP_{02} 模和 LP_{01} 模耦合产生的谐振峰以及 LP_{03} 模和 LP_{01} 模耦合产生的谐振峰的漂移情况。由图 4-10 可以看出，当温度从 20℃ 升高至 58℃ 时，LP_{02} 模和 LP_{01} 模耦合产生的谐振峰波长以及 LP_{03} 模和 LP_{01} 模耦合产生的谐振峰波长同时向短波长方向发生一个较小的漂移。当温度到达 59℃ 时，LP_{03} 模和 LP_{01} 模耦合产生的谐振峰波长发生了一个大范围的漂移，这就是前面在第 2 章

提到的模式迁移现象。

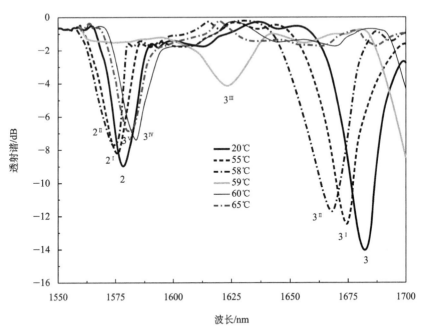

图 4-10　覆盖微纳米液晶涂覆层 LPFG 不同温度下的透射谱

通过表 4-1 来表示温度与覆盖微纳米液晶涂覆层的 LPFG 的 LP_{03} 模和 LP_{01} 模耦合产生的谐振峰波长的对应关系。从该表中可以非常清楚地观察到谐振峰波长随温度变化的高灵敏度区域（即温度从 58℃ 变化至 60℃ 的区域）。

表 4-1　温度对覆盖微纳米液晶层的 LPFG 的 LP_{03} 模和 LP_{01} 模耦合产生的谐振峰波长的影响

环境温度/℃	LP_{03}模和LP_{01}模耦合产生的谐振峰波长/nm	$|\Delta\lambda/\Delta T|$
20	1687.5	—
25	1687.1	0.08
30	1686.2	0.18
35	1685.6	0.12
40	1684.3	0.26
45	1682.4	0.38
50	1681.1	0.26
53	1677.2	1.3
55	1674	1.6

续表

环境温度/℃	LP$_{03}$模和LP$_{01}$模耦合产生的谐振峰波长/nm	$|\Delta\lambda/\Delta T|$
58	1665.7	2.77
59	1631	34.7
60	1583.7	47.3
65	1583.3	0.08

更直观地,我们将 LP$_{02}$ 模和 LP$_{01}$ 模耦合产生的谐振峰波长以及 LP$_{03}$ 模和 LP$_{01}$ 模耦合产生的谐振峰波长随温度变化的情况通过图 4-11 表示出来。从该图可以看出,当温度从 20℃升高至 58℃时,即液晶的折射率从 1.477 变化到 1.502 时,LP$_{02}$ 模和 LP$_{01}$ 模耦合产生的谐振峰波长从 1579.7nm 变化到 1575.2nm,变化了 4.5nm;而 LP$_{03}$ 模和 LP$_{01}$ 模耦合产生的谐振峰波长从 1687.5nm 变化到 1665.7nm,变化了 21.8nm。在此阶段,谐振峰波长向短波长方向漂移。当温度升高至 60℃时,液晶的折射率变化至 1.5142,此时只有 LP$_{03}$ 模和 LP$_{01}$ 模耦合产生的谐振峰可以在 OSA 上被观察到,其谐振峰从 58℃时的 1665.7nm 变化为 60℃的 1583.7nm,变化了大约 82nm。此后,随着温度的继续升高,谐振峰也继续向短波长方向漂移,但是漂移的幅度大大减小。

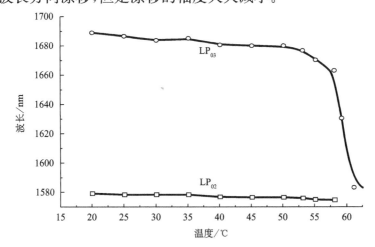

图 4-11　覆盖微纳米液晶涂覆层的 LPFG 的 LP$_{02}$ 模和 LP$_{01}$ 模耦合产生的谐振峰波长以及 LP$_{03}$ 模和 LP$_{01}$ 模耦合产生的谐振峰波长随温度变化

　　根据第 2 章介绍的理论分析方法数值分析了基于液晶纳米涂覆层 LPFG 对于液晶层折射率变化的频谱相应情况,并将计算所得结果与上述实验结果相比较(图 4-12),发现理论结果与实验结果吻合得较好。同时,从图 4-12(b)中还可以发现,LPFG 的 LP_{03} 模和 LP_{01} 模耦合产生的谐振峰波长在模式迁移区域对液晶层折射率变化的相应灵敏度是模式迁移区域以外的大约 6 倍。

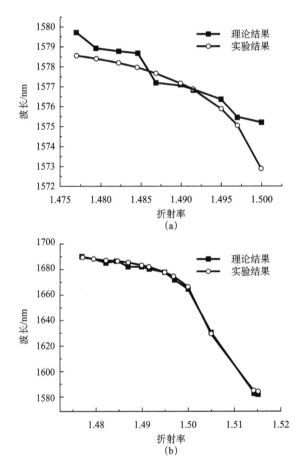

图 4-12　覆盖微纳米液晶涂覆层的 LPFG 的 LP_{02} 模和 LP_{01} 模耦合产生的谐振峰波长以及 LP_{03} 模和 LP_{01} 模耦合产生的谐振峰波长随液晶层折射率变化的理论与实验结果的比较

将上述实验结果与其他基于液晶的长周期光纤光栅的热光调谐性能进行对比，见表 4-2。通过对比可以发现，基于微纳米液晶涂覆层的长周期光纤光栅的热光调谐范围远大于普通液晶包层长周期光纤光栅的调谐范围。

表 4-2　基于液晶的长周期光纤光栅的热光调谐性能比较

基于液晶的长周期光纤光栅结构	液晶层厚度	温度调节范围	调谐范围
 参考文献[6]	约几百微米	20～50℃	1.6nm
 参考文献[7]	宏观尺寸厚度	48～70℃	46nm
 参考文献[8] 参考文献[9]	～800nm	20～60℃	103.8nm

4.3.2　电光调谐特性

由于介电各向异性,在外加电场作用下液晶中的分子受到转矩作用,它们趋向于静电能最小的方式重新取向,从而使液晶的折射率改变。图 4-13 是研究覆盖微纳米液晶涂覆层的 LPFG 的电光调谐特性的实验装置示意图。在实验中,我们首先通过聚酰亚胺液晶取向膜分子与液晶分子之间的相互作用,使 LPFG 表面的液晶分子在取向层表面产生规则的排列[4],然后,我们设计了一种类似于液晶盒的结构,即利用两个间距为 $125\mu m$ 相互平行的平板电极对涂有约 $1\mu m$ 厚的液晶涂覆层的 LPFG 施加电场。

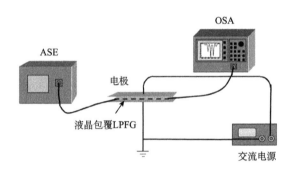

图 4-13　液晶薄膜包覆 LPFG 电光调谐特性的实验研究示意图

将涂有液晶薄层的 LPFG 水平放置在两个相互平行的平板电极之间,利用一个交流电源对电极施加的电场进行控制,LPFG 的一端连接一个宽带白光光源,另一端与光谱仪(OSA)相连。在未加外加电场之前,在 OSA 上观察到的覆盖约 $1\mu m$ 厚的液晶涂覆层的 LPFG 的透射谱如图 4-14 所示。随后,调节交流电源使其输出 400V 的交流电,此时实验测得的 LPFG 的透射谱见图 4-15。

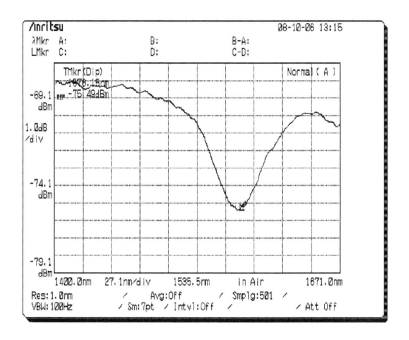

图 4-14 外加交流电压为 0V 时覆盖微纳米液晶涂覆层的 LPFG 透射谱

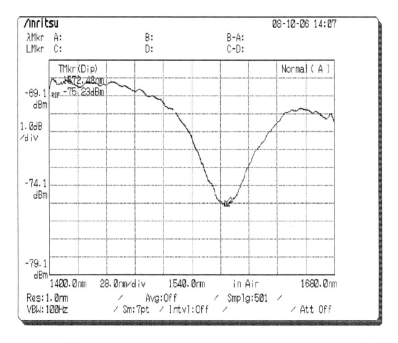

图 4-15 外加交流电压为 400V 时覆盖微纳米液晶涂覆层的 LPFG 透射谱

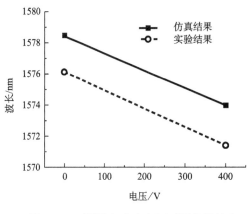

图 4-16　不同外加交流电压下覆盖微纳米
液晶涂覆层的 LPFG 的谐振波长

我们将以上实验测得的 LPFG 谐振峰波长随电压变化的漂移情况和仿真数据用图 4-16 表示。从图中可以看出,在室温下不施加外加电场时,覆盖超薄液晶层的 LPFG 的谐振峰波长为 1576.15nm,当外加交流电压 400V 时,LPFG 谐振峰波长变化为 1572.48nm,向短波长方向漂移了 3.67nm。因此,可以通过对液晶薄膜包覆的 LPFG 施加电场的方法来实现对谐振峰波长的调谐,但调谐范围较小。

4.3.3　特定温度下的大范围电光调谐特性

为了获得对 LPFG 的更大范围的电光调谐,我们进行了温度和电场同时实现对覆盖微纳米液晶涂覆层的 LPFG 谐振峰中心波长调谐的实验研究。由前面对涂有约 800nm 液晶的 LPFG 的温度特性的实验研究可知,当温度处于 58~60℃的范围内时,液晶折射率的微小变化便会导致 LPFG 谐振峰波长的大范围漂移,出现模式迁移现象。利用这一现象,我们设计了一个在模式迁移温度下 LPFG 大范围电光调谐的实验方案(图 4-17)。覆盖~800nm 厚度液晶涂覆层的 LPFG 放置在两块平行金属电极之间并置于温控箱中,两金属电极之间的间距为 125μm,外加电场施加于两电极之间。将温度分别稳定在 20℃、55℃、58℃、59℃以及 60℃,而外加交流电压的调节范围是 0~400V。

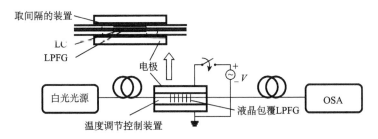

图 4-17 不同温度下覆盖微纳米液晶涂覆层 LPFG 的电光调谐实验装置

图 4-18 反映了不同温度下,不同外加交流电压与 LPFG 的 LP_{02} 模和 LP_{01} 模耦合产生的谐振峰波长漂移量的对应关系。从图中得到结论如下:①在某一确定温度下,LPFG 谐振峰波长的漂移量随着外加交流电压的增大而增大;②相比于其他温度,当温度处于 58~60℃时,外加电场对 LPFG 的调谐范围显著增大,在 60℃时达到最大且最大的调谐范围约为 10nm。

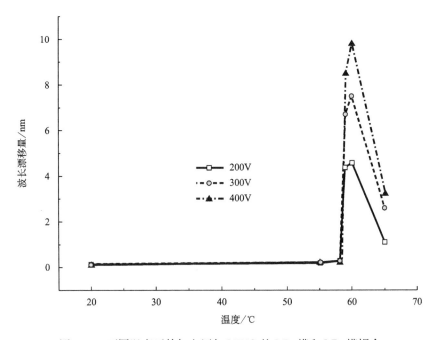

图 4-18 不同温度下外加电压与 LPFG 的 LP_{02} 模和 LP_{01} 模耦合
产生的谐振峰波长漂移量的对应关系

温度为 60℃时,当外加电压由 0V 开始逐渐增大至 400V 时,由

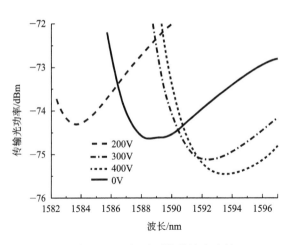

图 4-19　60℃时覆盖微纳米液晶
涂覆层电光可调谐 LPFG 的透射谱

OSA 观测到的 LPFG 透射谱如图 4-19 所示。随着外加交流电压由 0V 增大至 200V，300V 最后到达 400V，覆盖微纳米液晶涂覆层的 LPFG 的 LP_{02} 模和 LP_{01} 模耦合产生的谐振峰波长相应地从最初的 1583.7nm 变化到 1588.3nm、1591.2nm，最后到达 1593.5nm。该中心波长向长波长方向漂移了约 10nm。

　　将上述实验结果与其他基于液晶的长周期光纤光栅的电光调谐性能进行对比，见表 4-3。通过对比可以发现，在相近的外加电场强度下，基于高折射率微纳米液晶涂覆层的长周期光纤光栅在模式迁移状态下的电光调谐范围远大于普通液晶包层长周期光纤光栅的调谐范围。

表 4-3　基于液晶的长周期光纤光栅的电光调谐性能比较

基于液晶的长周期光纤光栅结构	液晶层厚度	外加场强	调谐范围
（结构示意图）参考文献[10]	12.5μm	3V/μm	<3nm

续表

基于液晶的长周期光纤光栅结构	液晶层厚度	外加场强	调谐范围
参考文献[11]	800～1250nm	3.45V/μm	11nm
参考文献[5]	～800nm	3.2V/μm	～10nm

4.4　本章小结

　　本章在简要介绍液晶材料的各种特殊光学特性的基础上,详细阐述了一种覆盖微纳米液晶涂覆层的长周期光纤光栅的制备和传输谱特性,通过理论计算设计优化该光纤器件发生模式迁移现象的相关结构参数,并通过实验证实这一现象。同时实验上采用刷涂工艺在 LPFG 表面制备了厚度约 800nm 的液晶涂覆层,研究了该器件的传输谱特性以及热光调谐和电光调谐特性,并对实验原理进行了详细的理论分析。结果表明,当温度从 58℃升高至 60℃时,即液晶的折射率从 1.502 变化到

1.5142 时，LP_{03} 模和 LP_{01} 模耦合产生的谐振峰从 1665.7nm 变化到 1583.7nm，变化了大约 82nm。利用这一灵敏区域，实验研究了该器件在 60℃时的电光调谐特性，其最大调谐范围约为 10nm。上述工作分别发表在 *Applied Optics* 及国际会议 OFC/NFOEC 和 AOE 上。

参 考 文 献

[1] 王伟. 液晶电控双折射率温度效应的研究. 曲阜师范大学硕士学位论文, 2003.

[2] Yariv A. 现代通信光电子学. 北京:电子工业出版社, 2009.

[3] 朱京平. 光电子技术基础. 北京:科学出版社, 2003.

[4] 王少石. 基于液晶包覆的长周期光纤光栅的调谐特性研究. 上海交通大学硕士学位论文, 2009.

[5] Luo H M, Li X W, Li S G, et al. Analysis of temperature-dependent mode transition in nanosized liquid crystal layer-coated long period gratings. Appl. Opt. , 2009, 48(25):F95-F100.

[6] Czapla A, Bock W J, Wolinski T R, et al. Towards spectral tuning of long-period fiber gratings using liquid crystal. CCECE, 2008:001015-001018.

[7] Yin S Z, Chung K W, Zhu X. A highly sensitive long period grating based tunable filter using a unique double-cladding layer structure. Opt. Communications, 2001, (188):301-305.

[8] Luo H, Li X, Wang S, et al. Temperature stabilized electrically tunable long period gratings coated with nanosized liquid crystal layer. OFC/NFOEC, Optical Society of America, 2009, paper JthA22.

[9] Luo H M, et al. Temperature dependent mode transition in high refracive in-

dex coated long period gratings. AOE, Optical Society of America, 2009, paper SaE3.

[10] Czapla A, Bock W J, Wolinski T R, et al. Tuning cladding-mode propagation mechanisms in Liquid Crystal long-period fiber gratings. Journal of Lightwave Technology, 2012, 30(8):1201-1207.

[11] Jeong Y, Kim H R, Baek S, et al. Polarization-isolated electrical modulation of an etched long-period fiber grating with an outer liquid-crystal cladding. Opt. Eng. , 2003, 42(4):964-968.

第 5 章　基于弯曲结构锥形微纳米光纤的模间干涉仪特性的实验研究

在第 3 章中提到,当微纳米光纤的两个锥形渐变区域发生局部弯曲且相关结构参数满足一定条件时,光纤中的高阶模式会随着曲率半径的增大而逐一激发出来。同时由于弯曲结构的对称性,这些被激发出来的高阶模式又会在第二个弯曲处耦合回纤芯模中,这样便可以在单根微纳米光纤中实现模间干涉。

本章主要设计和制备了一种基于弯曲结构的双锥形微纳米光纤的模间干涉仪。由于芯层外面存在大量倏逝场,能直接与外界环境相作用,微纳米光纤被大量地应用于高灵敏度生物或者化学传感,因此我们从实验上研究了这种基于微纳米光纤的模间干涉仪的折射率传感特性。另外,我们从理论上对该模间干涉仪的温度特性进行了理论补充分析,得出了该干涉仪基本不受外界温度影响时所需满足的条件,并通过实验加以验证。再则,利用微纳米光纤的柔韧性,我们进一步研究了这种干涉仪的微位移传感特性。

5.1　微纳米光纤拉伸系统及工艺简介

在综合第 1 章所介绍的各种微纳米光纤制备方法的优缺点的基础

上,我们实验室采用改进的氢气火焰加热拉伸系统来制备实验所用的锥形微纳米光纤。此系统包括三个模块:氢气发生与流量控制模块;步进电机平移台控制模块;六维精密调整架执行模块。

氢气发生与流量控制模块主要由 SK-9Q400Z 型氢气发生器和氢气流量控制仪组成,见图 5-1(a)。加热光纤所用的氢焰的大小和温度可以通过精确调整氢气的流量来控制。由于氢焰直接暴露在空气当中,很容易受到外界环境的影响,因此在制备过程中,我们选择在无尘实验室中进行操作,或者在火焰外围加上一个玻璃保护罩并在保护罩内充氮气,从而减小气流或者灰尘对光纤拉伸造成的影响。

步进电机平移控制模块由北京微纳光科公司生产的 WN104TA20H 精密步进电机和 WNSC400 系列控制器组成,通过个人电脑安装控制软件对驱动器进行驱动和控制。步进平移台如图 5-1(b)所示。由控制器产生电脉冲给步进电机,每个电脉冲可以驱动步进电机行进大约 0.31μm,控制脉冲频率还可以控制电机转动的加速度。因此,实验中可以通过控制步进电机的脉冲数以及脉冲产生的频率来精确控制微纳米光纤的几何参数。

六维精密调整架执行模块主要包括 Newport 六维精密调整架以及可旋转 V 形槽光纤夹具等。可旋转 V 形槽光纤夹具固定于六维精密调整架之上,精密调整架可以前后、左右以及 45°角方向自由调整光纤的位置,其精度为 10μm(图 5-1(c))。可旋转 V 形槽光纤夹具可用于固定和旋转光纤(图 4-6),因此可用来制备具有保偏功能的微纳米光纤[1]。

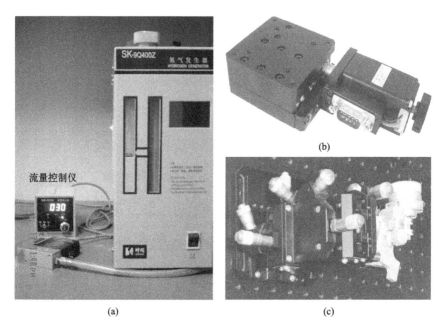

图 5-1　(a)氢气发生器和流量控制仪外观;(b)WN104TA20H 精密步进平移台外形;
(c)Newport 六维精密调整架

微纳米光纤拉伸平台如图 5-2 所示。整个拉伸系统的操作过程以及微纳米光纤拉伸工艺过程如下:

(1)打开氢气发生器电源开关,待氢气流稳定后进行拉伸。实验表明,当调节流量控制仪的流量为 171 时,火焰较为稳定;

(2)将一部分光纤的涂覆层用剥线钳去除后用脱脂棉蘸取适量酒精擦拭,接着将光纤拉直并将没有除去涂覆层的两端固定在 V 形槽光纤夹具上,调整精密调整架将待拉伸光纤调整至合适高度;

(3)通过设定拉伸程序的相关参数(包括预热时间、拉伸速度、拉伸长度以及拉伸加速度等)对固定好的光纤进行加热并进行匀速或变速拉伸;

(4)小心仔细地将拉伸好的微纳米光纤缓慢取下,并放在一块干净的平板上。

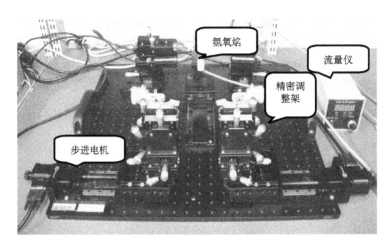

图 5-2 微纳米光纤拉伸平台

为了研究该拉伸系统的不同拉伸速度与拉伸的光纤的直径及损耗的关系，以 $100\sim1000\mathrm{pp/s}$（脉冲每秒）即 $31\sim310\mu\mathrm{m/s}$ 的拉伸速度和 $30000\mathrm{pp}$ 即 $9.3\mathrm{mm}$ 的拉伸长度进行拉伸，测量其损耗得到实验数据如图 5-3 所示。

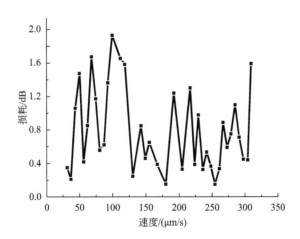

图 5-3 拉伸速度与拉伸后微纳米光纤损耗的关系

从图 5-3 可以看出，当拉伸速度控制在 $400\sim600\mathrm{pp/s}$ 即 $124\sim186\mu\mathrm{m/s}$ 的范围内时，所获得的微纳米光纤的损耗值较为稳定，小于 $1\mathrm{dB}$。

我们将拉伸后的光纤在显微镜下进行观察,图 5-4 所示为当显微镜放大倍数为 1000 倍时,拉伸速度分别为 160pp/s、200pp/s、860pp/s 和 940pp/s 时所获得的具有不同束腰半径的微纳米光纤的照片。从图中可以看出,在拉伸长度一样的情况下,拉伸速度越快,获得的微纳米光纤束腰区的直径越小。

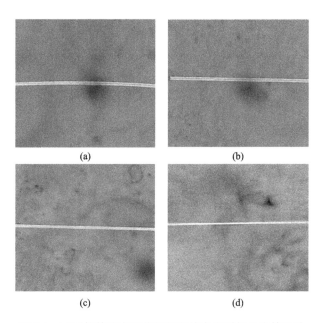

图 5-4   不同拉伸速度下获得的微纳米光纤的显微镜照片
(a)拉伸速度 160pp/s,光纤束腰直径约为 1.65μm;
(b)拉伸速度 200pp/s,光纤束腰直径约为 1.32μm;
(c)拉伸速度 860pp/s,光纤束腰直径约为 0.825μm;
(d)拉伸速度 940pp/s,光纤束腰直径约为 0.66μm

5.2   微纳米光纤独特的物理特性

当石英光纤达到微纳米尺度时,会显现出许多不同于普通石英光纤的物理特性,因此受到许多研究者的关注:

(1)强倏逝场。根据第 3 章的分析可知,由于微纳米光纤的束腰部分的直径非常小,有相当一部分光的能量以倏逝场的形式在微纳米光纤的表面传播。这一特性使得微纳米光纤成功地应用于制备微流体传感器以及高 Q 值的谐振腔等方面。

(2)强的模场约束能力。当微纳米光纤的束腰直径与其中传播的光波长的一半相比拟的时候,光的模场的有效面积最小,此时,光纤对光场的约束最强。这样便可以观察到如超连续等非线性效应。

(3)强的相互吸附能力。将拉伸好的微纳米光纤从中间断开,则两根断开的微纳米光纤的最细部分互相靠近时,由于范德瓦耳斯力的作用,它们会紧紧吸附在一起。范德瓦耳斯力产生于两个分子或原子之间的静电相互作用,对于组成和结构相似的物质,其相对分子质量越大则分子间的这种作用力就越大。利用这一特性,我们可以制备基于微纳米光纤的耦合器。图 5-5 为用显微镜在放大 1000 倍时拍摄的两根微纳米光纤耦合的 CCD 照片。两根微纳米光纤的直径约为 $2\mu m$,实验数据表明,当该耦合器的耦合区长度约为 1.3mm 时,耦合效率最高,达到 92%。

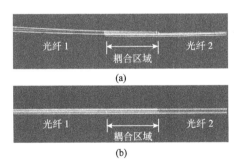

图 5-5　两根微纳米光纤耦合的 CCD 照片
(a)侧面平视;(b)正面俯视

(4)很好的柔韧性。目前用拉伸法制备的满足绝热条件的微纳米光纤的表面非常光滑,且两端保持了普通光纤的尺寸,因此可以以很低的损耗接到其他标准光纤上面。同时，微纳米光纤有很强的柔韧性，可以有很小的弯曲半径而不至于断裂，这就为我们制备光集成器件提供了条件。图 5-6(a)为用直径约为 2.1μm 的微纳米光纤制作的微环谐振腔，环的直径约为 0.58mm。图 5-6(b)为谐振腔的传输谱。根据图中的数据可以计算出，其 Q 值约为 20000，精细度约为 10。

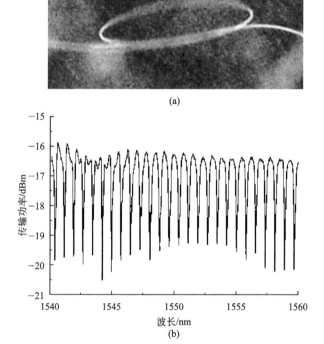

(a)

(b)

图 5-6　基于微纳米光纤的(a)微环谐振腔及(b)传输谱

5.3　基于弯曲结构的锥形微纳米光纤模间干涉仪的制备及传输谱特性

锥形微纳米光纤由标准的单模光纤拉制而成。取一段标准的单模光纤,将其中间部分的涂覆层用剥线钳去除,然后将其两端分别固定在两个可由步进电机控制的 V 形槽中,用氢焰加热直至光纤达到熔融状态,随后启动两个步进电机平台向相反的方向匀速拉伸光纤,拉伸速率约为 0.165mm/s,通过控制拉伸长度和火焰高度等参数,可以制备不同外形尺寸的锥形微纳米光纤。这些锥形微纳米光纤满足"绝热"条件(即锥形区域没有模式的相互耦合和转换)。可以将双锥形微纳米光纤划分为两个部分:①微纳米光纤的束腰部分直径 d_0 沿轴向保持不变;②直径由 d_0 随光纤长度的变化而逐渐增大至 125μm 锥形部分。我们制备了几种具有不同束腰直径的锥形微纳米光纤的样品。样品束腰部分的直径从 1.8μm 到 3.7μm。图 5-7(a)所示的是三根不同锥形微纳米光纤的束腰部分的 SEM 照片。其中照片(1)所示的直径约为 3.7μm,照片(2)所示的直径约为 2.1μm,而照片(3)所示的直径约为 1.8μm。

为了构造模间干涉仪,首先将锥形微纳米光纤拉直,然后逐渐将其弯曲成一个近似对称的 C 形弯曲结构。图 5-7(b)显示了构造模间干涉仪的弯曲过程。整个弯曲过程可以通过显微镜观测。

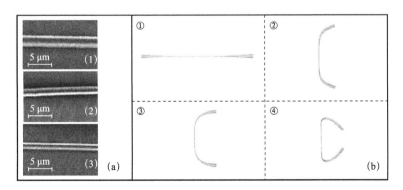

图 5-7　(a)不同尺寸的锥形微纳米光纤束腰部分 SEM 照片:(1)3.7μm,(2)2.1μm,(3)1.8μm;
(b)基于弯曲结构的锥形微纳米光纤模间干涉仪的制备过程

　　我们制备的具有弯曲结构的锥形微纳米光纤外形图如图 5-8(a)所示。该锥形微纳米光纤的束腰部分直径约为 3.7μm,束腰部分长度约为 6mm,锥形区弯曲部分的长度约为 3mm。将弯曲的锥形微纳米光纤的一端接到一个宽带光源(Agilent 83438A)上,另一端接到光谱分析仪(Yokogawa AQ6370B)上。图 5-8(b)所示为该结构在不同弯曲曲率半径下的输出光谱图。从图中可以看到,当曲率半径为 0,即锥形光纤没

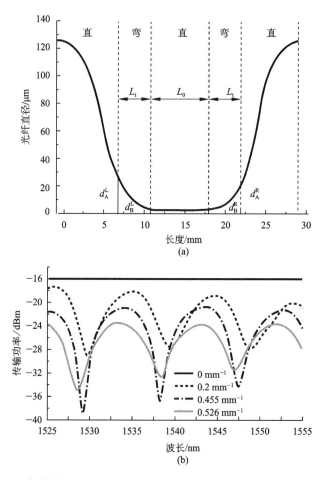

图 5-8　(a)具有弯曲结构的锥形微纳米光纤外形图,锥形光纤的束腰直径 $d_0 \approx 3.7$μm,束腰区和锥形弯曲部分长度分别为 $L_0 \approx$ 6mm 和 $L_t \approx$ 3mm,d_A 和 d_B 分别对应弯曲始端和末端锥形区光纤的直径;(b)弯曲锥形微纳米光纤模间干涉仪在不同弯曲曲率半径下的传输谱

有弯曲时,输出的几乎就是宽带光源本身的光谱。然后,当弯曲引入后,输出光谱显示出干涉图形,随着曲率半径由 $1/R=0$ 逐渐增加到 $1/R=0.455$,干涉峰的深度逐渐增大。但是,当曲率半径由 $1/R=0.455$ 继续增加到 $1/R=0.526$ 时,干涉峰的深度又逐渐变小。在整个过程中,传输损耗单调递增。因此,我们可以在弯曲过程中找到一个优化的弯曲状态,在这个状态下,该模间干涉仪的干涉峰的深度较深,但同时整个器件的插入损耗又不是太高。

图 5-9(a)和(b)为另外两个弯曲微纳米光纤模间干涉仪样品的传输谱曲线。其中,图(a)所对应的微纳米光纤的相关尺寸为束腰直径 $d_0 \approx 3.7\mu\text{m}$,束腰区长度 $L_0 \approx 12\text{mm}$;图(b)所对应的微纳米光纤的相关尺寸为束腰直径 $d_0 \approx 2.1\mu\text{m}$,束腰区长度 $L_0 \approx 6\text{mm}$;而两者锥形区的弯曲的曲率半径同为 $1/R \approx 0.455$。与图 5-8(b)中的传输谱相比较,可以看出,随着 d_0 的减小和 L_0 的增大,干涉峰变得更窄、更尖锐了。

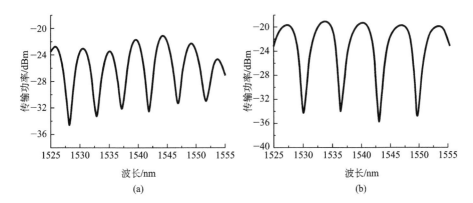

图 5-9　结构尺寸为 (a)$d_0 \approx 3.7\mu\text{m}$,$L_0 \approx 12\text{mm}$ 以及(b)$d_0 \approx 2.1\mu\text{m}$,
$L_0 \approx 6\text{mm}$ 的弯曲微纳米光纤模间干涉仪在优化的弯曲状态下的传输谱曲线

根据第 3 章介绍的锥形微纳米光纤的弯曲结构模型中的各传输模式之间耦合情况的计算方法和实验制备的微纳米光纤模间干涉仪结构的相关参数,对以上实验测得的结果进行了理论分析。

就结构参数为 $d_0 = 3.7\mu m$，$L_0 = 6mm$ 以及 $L_t = 3mm$ 的弯曲微纳米光纤在波长 $\lambda = 1.555\mu m$ 时，处于各种弯曲曲率半径下的光沿锥形微纳米光纤传输时各模式能量分布的演化情况，将对称的弯曲锥形区域分成 $M = 100$ 个长度相等的圆柱体等份，每个小圆柱体的长度为 L_t/M。而中间的束腰部分被认为是一段长度为 6mm 的圆柱体。弯曲锥形区域相邻两段圆柱体之间的夹角 θ 可以根据第 3 章图 3-10 所示的模型以及式 (3-28)计算出来。这里按有效折射率从高到低的顺序计算了前四个模式，即 LP_{01} 模、LP_{11} 模、LP_{21} 模和 LP_{02} 模，相关结果见图 5-10。从图中可以看出，当锥形微纳米光纤没有弯曲即 $1/R = 0$ 时，光纤中传输的只有 LP_{01} 模，模式之间不存在能量的交换。然而，随着弯曲曲率逐渐增大，高阶模 LP_{11} 模、LP_{21} 模和 LP_{02} 模也被逐一激发出来。在直径保持不变的束腰区部分，每个模式的能量几乎保持不变。LP_{01} 模和 LP_{11} 模之间的耦合是决定干涉波形消光比的主要因素。在某一特定弯曲曲率处（即 $1/R = 0.455$ 时），优化状态下的干涉波形就出现了。此时，消光比几乎达到最大而同时传输损耗也较小。

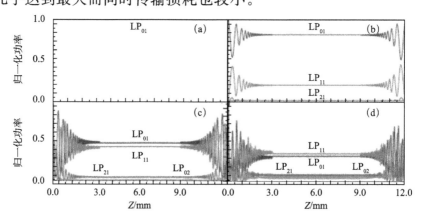

图 5-10　锥形微纳米光纤沿径向方向在不同弯曲曲率半径下的各传输模式能量分布的演化情况

我们通过理论计算获得了波长范围在 $1.525 \sim 1.555\mu m$ 内的不同弯曲曲率半径下该弯曲锥形微纳米光纤的传输谱曲线(图 5-11)。将该理论结果与前面实验测得的结果(图 5-8(b))作比较后发现一些小的区别,可能是由于我们制备的锥形微纳米光纤的结构并非完全对称造成的。

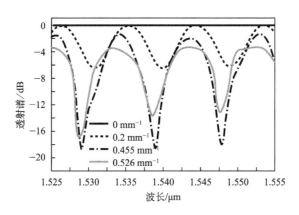

图 5-11　理论计算的弯曲锥形微纳米光纤模间干涉仪在不同弯曲曲率半径下的传输谱

根据第 3 章给出的干涉波形自由光谱区(FSR)的计算公式(3-33),便可以解释上述的后两个模间干涉仪样品的干涉峰相对于第一个样品干涉峰更尖锐更窄的实验现象,即在保持 $d_0 = 3.7\mu m$ 不变的情况下,当 L_0 从 6mm 变化成 12mm 时,FSR 变小了;同样,在保持 $L_0 = 6mm$ 不变的情况下,当 d_0 从 $3.7\mu m$ 变化成 $2.1\mu m$,两干涉模式传输常数之间的差值增大了,因此 FSR 也变小了。

5.4　基于弯曲结构的锥形微纳米光纤模间干涉仪的传感特性研究

5.4.1　高灵敏度折射率传感特性

我们实验研究了结构参数为 $d_0 = 3.7\mu m$、$L_0 = 6mm$、$L_t = 3mm$ 以及

$1/R = 0.455$ 的弯曲微纳米光纤模间干涉仪的折射率传感特性。由 5.3 节的实验结果可知,该模间干涉器件的插入损耗约为 4dB,整个实验过程是在室温 25℃时完成的。首先配备了 8 种不同浓度的甘油(丙三醇)水溶液,其浓度分别为 0%、1%、2%、3%、4%、5%、6%、7% 和 8%。根据浓度在 0~44% 的甘油水溶液折射率计算公式[1]:

$$折射率 = 1.33303 + [0.0011625 × 甘油浓度(\% 重量/重量) × 比重] \tag{5-1}$$

我们可以求出不同浓度下甘油水溶液的折射率值分别为 1.333、1.3342、1.3353、1.3365、1.3376、1.3388、1.340、1.3412 和 1.3424。该模间干涉仪随后被放置在一个光纤支撑物上,一端与宽谱光源连接,而另一端接光谱分析仪。将不同浓度的甘油溶液用点滴器逐一滴在双锥形微纳米光纤其中一端锥形区的弯曲部分,期间每完成一次甘油溶液的折射率测试就用酒精清洗光纤表面,将上次残留在光纤表面的甘油溶液清除干净。

通过光谱分析仪,可以观察该模间干涉仪在不同环境折射率下的干涉峰漂移情况,如图 5-12 所示。从图中可以看出,当甘油溶液的折射率从 1.333 逐渐增大至 1.3424 的过程中,干涉峰向长波长的方向漂移。折射率波长漂移曲线呈现出一个很好的线性关系,且其折射率传感的灵敏度约为 658nm/RIU(折射率单位)。

将上述实验结果与近年来各种基于锥形光纤模间干涉仪的折射率传感器的各项性能指标进行对比,见表 5-1。通过对比可以发现,弯曲双锥形微纳米光纤折射率传感器具有结构体积小、插入损耗低和灵敏度高等优点。

表 5-1　近年来基于锥形光纤折射率传感器的性能比较

基于锥形光纤的折射率传感器结构图	结构尺寸	插入损耗	灵敏度	制备工艺
 参考文献[2]	双锥形光纤锥区长度为 707 μm，束腰直径为 40 μm，干涉仪长度 $L=55$mm	~3dB	17.1nm/RIU	由可预设程序熔接仪制备，工艺简单
 参考文献[3]	锥区 1 和锥区 3 的长度为 6.1mm，束腰区直径为 20 μm，中间缓变锥的束腰直径为 39 μm，长度为 40.8mm，干涉仪总长度约为 60mm	7~8dB	28.6nm/RIU	工艺较为简单
 参考文献[4]	突变锥长度 625 μm，束腰区直径 55 μm，光纤轴上的 4 μm×20 μm，椭圆形小孔与锥区距离 10mm	~4.5dB	15.3nm/RIU	由电弧加热拉锥而成，工艺较为复杂

续表

基于锥形光纤的折射率传感器结构图	结构尺寸	插入损耗	灵敏度	制备工艺
 (a) 96 μm 100 μm (b) 65 μm 660 μm 参考文献[5]	S形锥形光纤两形锥形弯曲区域弯曲角度均为6.5°，锥形光纤长度约为660μm，束腰区直径约为65μm	～10dB	185nm/RIU（环境折射率在1.333～1.381范围内变化时）	由可预设程序的熔接仪制备，工艺简单
 参考文献[6]	双锥形微纳米光纤束腰区长度约为6mm，束腰区直径约为3.7μm，弯曲锥区部分的长度约为3mm，弯曲率半径为0.455mm^{-1}	～4dB	658nm/RIU（折射率在1.333附近变化时）	由氢气火焰加热拉伸系统制备，工艺简单

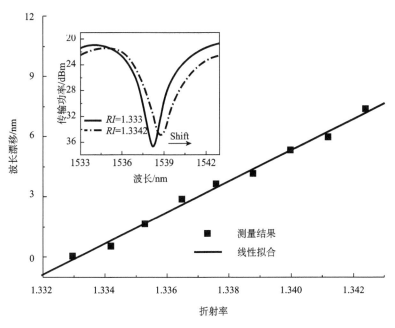

图 5-12　模间干涉仪的某一特定干涉峰在不同环境折射率下的漂移情况

进一步,为测试该模间干涉器件折射率传感方面的稳定性和可靠性,重复上述实验过程,研究了结构参数为 $d_0 = 2.1\mu m$、$L_0 = 6mm$、$L_t = 3mm$ 以及 $1/R = 0.455$ 的弯曲微纳米光纤模间干涉仪的折射率传感特性。对比前后两个不同芯径(d_0

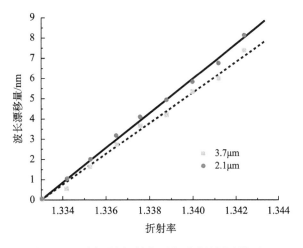

图 5-13　不同环境折射率下的干涉峰漂移情况

分别为 $3.7\mu m$ 和 $2.1\mu m$)模间干涉仪在相同环境折射率变化下的干涉峰漂移情况(图 5-13),可以发现,在保持其他条件不变的情况下,弯曲微纳米光纤的芯径越小,其折射率传感灵敏度越高。

5.4.2 温度特性

1. 理论分析

根据第 3 章的理论分析,当入射光进入模间干涉仪的第一个锥形弯曲区域时,高阶模会逐一激发出来,经过束腰部分后在第二个弯曲区域这些高阶模又耦合回基模。在此过程中基模和各高阶模之间相位差为

$$\varphi = 2\pi\delta n_{\text{eff}}L/\lambda \tag{5-2}$$

其中,L 为干涉仪的有效长度;λ 为波长,δn_{eff} 为基模和高阶模之间的有效折射率差,模间干涉仪的干涉峰中心波长 λ_m 可表示为[7]

$$\lambda_m = 2\delta n_{\text{eff}}L/(2m+1) \tag{5-3}$$

式中,m 为一个整数。

外界环境温度的变化会同时影响模式之间的有效折射率差 δn_{eff} 和有效干涉长度 L,从而改变干涉模式之间的相位差,导致干涉峰产生漂移。

在此,首先讨论两个模式干涉的情况。由于高阶模按照阶数从低到高的次序依次被激发,因此首先讨论基模 HE_{11} 和最低次高阶模 HE_{21} 发生双模干涉的情况。假设模间干涉仪中发生干涉的这两个模式的有效折射率分别为 n_1 和 n_2,其相应的温度系数分别为 ζ_1 和 ζ_2,则由外界温度变化引起的两模式间有效折射率差的变化可表示为

$$\Delta\delta n_{\text{eff}} = (\zeta_1 n_1 - \zeta_2 n_2)\Delta T \tag{5-4}$$

由外界温度变化引起的有效干涉长度的变化可表示为

$$\Delta L = \alpha L \Delta T \tag{5-5}$$

式中,α 为光纤二氧化硅材料的温度膨胀系数。结合式(5-4)和式(5-5),

可以得出干涉峰的波长随环境温度变化的计算公式：

$$\Delta\lambda \approx [(\alpha + \zeta)\Delta T]\lambda \tag{5-6}$$

其中，$\zeta = (\zeta_1 n_1 - \zeta_2 n_2)/\delta n_{\text{eff}}$ 定义为温度引起的两模式的有效折射率差的变化系数。该系数与上面提到的材料温度膨胀系数 α 不同：$\alpha = 5.5 \times 10^{-7}\text{℃}^{-1}$ 是一个不变的常数[8]，而 ζ 是一个变化的量，可以为正也可以为负，与光纤参数归一化频率 V 相关。图 5-14(a) 所示为一标准光纤中 HE_{11} 模和 HE_{21} 模的有效折射率与光纤归一化频率 V 的关系曲线。从图 5-14 (a) 中可以看出，当归一化频率 V 为某些特定值时，δn_{eff} 的值为极值，此时由于温度引起的两个模式之间有效折射率差的变化就等于零。根据式 (5-6) 可知，干涉峰不受外界温度变化影响的条件是 $\alpha = -\zeta$。为了获得对环境温度变化不灵敏的微纳米光纤模间干涉仪的相关结构参数，用数值方法计算了波长 $\lambda = 1.55\mu\text{m}$ 时微纳米光纤的两个模式的有效折射率的温度变化率 $\partial n_{\text{eff}}/\partial T$ 与光纤束腰直径的关系曲线，见图 5-14(b)。计算中取二氧化硅材料的折射率温度变化系数 $\partial n/\partial T = 1.1 \times 10^{-5}\text{℃}^{-1}$[8]；标准单模光纤的相关参数为：纤芯和包层的直径分别为 8.2μm 和 125μm，而纤芯和包层在 $\lambda = 1.55\mu\text{m}$ 时的有效折射率分别为 1.454 和 1.4505。

根据图 5-14(b) 可以得出以下结论：①锥形微纳米光纤中 HE_{11} 模和 HE_{21} 模的有效折射率随环境温度的升高而变大；②取 $\lambda = 1.55\mu\text{m}$，当锥形微纳米光纤束腰直径在 1.2～1.8509μm 的范围内变化时，HE_{11} 模和 HE_{21} 模的有效折射率差的温度变化系数 ζ 为正值，且直径越大 $|\zeta|$ 越小，在 1.8509μm 处为 0；当束腰直径在 1.8509～3.0μm 的范围内变化时，HE_{11} 模和 HE_{21} 模的有效折射率差的温度变化系数 ζ 为负值，且直径越大 $|\zeta|$ 越大。

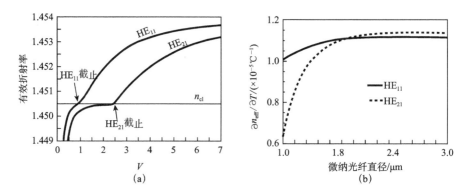

图 5-14　(a)两层模型光纤 HE_{11} 模和 HE_{21} 模有效折射率与光纤归一化频率 V 的关系曲线；
(b)波长为 $1.55\mu m$ 处锥形微纳米光纤 HE_{11} 模和 HE_{21} 模有效折射率的温度变化率 $\partial n_{eff}/\partial T$
与光纤束腰直径的关系曲线

接下来，我们理论计算了波长 $\lambda=1.55\mu m$ 时，环境温度在 $20\sim80℃$ 范围内变化的情况下，具有不同束腰直径的锥形微纳米光纤模间干涉仪对环境温度变化的感应灵敏度，见图 5-15。值得注意的是，当束腰直径取值在 $1.836\sim2.058\mu m$ 的范围内时，干涉峰对温度变化的感应灵敏度小于 $1pm/℃$，表明可以通过设计工作波长以及锥形微纳米光纤的束腰直径等参数来获得温度稳定型微纳米光纤模间干涉仪。

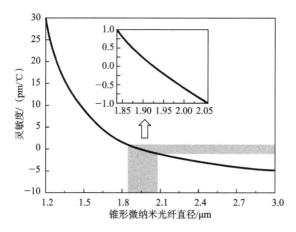

图 5-15　环境温度在 $20\sim80℃$ 范围内变化的情况下具有不同束腰直径的锥形微纳米
光纤模间干涉仪对环境温度变化的感应灵敏度

2. 实验结果

实验制备了两根具有不同束腰直径的双锥形微纳米光纤样品,两样品的尺寸分别为:①束腰区直径 $d_0 \approx 1.92\mu m$,束腰区长度 $L_0 \approx 8mm$;②束腰区直径 $d_0 \approx 4.8\mu m$,束腰区长度 $L_0 \approx 6mm$。按 5.3 节中提到的方法将上述锥形微纳米光纤的锥形区部分弯曲形成模间干涉仪。根据以上的理论计算结果,在工作波长为 $1.55\mu m$ 时,样品一对环境温度变化的响应灵敏度小于 $1pm/℃$,属于温度稳定型微纳米光纤模间干涉仪。

图 5-16(a)为样品(一)的束腰部分的 SEM 照片,将其一端接到一个宽带光源上,另一端与光谱仪连接,图 5-16(b)为该微纳米光纤弯曲前后的波长范围在 $1.51 \sim 1.59\mu m$ 内的传输谱曲线,弯曲半径约为 3mm。从图中可以看出,直的双锥形微纳米光纤的传输谱基本就是宽谱源本身的波形图,此时光纤中只存在基模 HE_{11} 模;当弯曲出现后,最低次高阶模 HE_{21} 模被激发出来,传输谱出现干涉波形,该模间干涉仪的插入损耗约为 4.2dB。

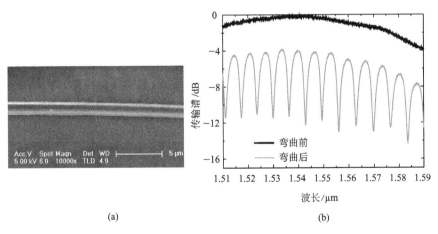

(a)　　　　(b)

图 5-16　直径约为 $1.92\mu m$ 的微纳米光纤的(a)束腰区 SEM 照片和(b)弯曲前后的传输谱曲线

为了验证理论分析的结果,将基于样品(一)的模间干涉仪放置在一个温控箱中测量其温度特性。图 5-17 为该模间干涉仪波长为1.5559μm 处的干涉峰随环境温度变化的漂移情况。从图中可以看出,当温度从 20℃ 变化到 80℃时,干涉峰向长波长的方向发生非常小的漂移,根据实验测量的结果,其温度变化响应灵敏度约为 0.45pm/℃,该结果与 5.4.2 节的理论推导结果相符。因此,一般情况下的环境温度变化对此模间干涉仪的传输谱的影响可以忽略不计。

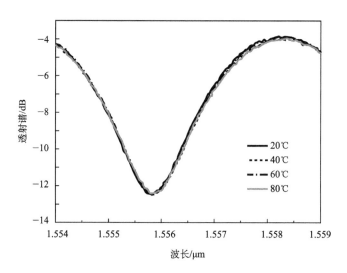

图 5-17　实验测量的直径约为 1.92μm 的微纳米光纤模间干涉仪在不同温度下的传输谱

我们用同样的方法测量了基于样品(二)的模间干涉仪的温度特性。图 5-18(a)为束腰直径为 4.8μm 的锥形微纳米光纤模间干涉仪在不同温度下的传输谱,随着温度从 20℃变化到 70℃,干涉峰向长波长方向漂移;图 5-18(b)为干涉峰漂移量与温度变化的对应关系。样品(二)对环境温度的变化比较灵敏,其波长漂移量与温度变化呈指数函数的关系,在 20~70℃的温度范围内,温度越高响应灵敏度越高,其平均温度响应灵敏度约为 0.025nm/℃。上述特性表明,通过设计合理尺寸的微纳米光纤可以获得温度敏感性传感器。

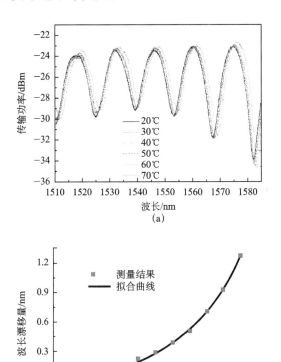

(a)

(b)

图5-18　实验测量的直径约为 4.8μm 的微纳米光纤模间干涉仪的(a)在不同温度
下的传输谱和(b)干涉峰漂移量与温度变化的关系曲线

5.4.3　微位移传感特性

　　微位移传感在许多应用领域得到了应用,特别是在微纳米级的定位
系统中,要求传感器可以检测出微小的力或位移的信息[8-10]。近年来,
光纤模间干涉仪因其结构紧凑、制备工艺简单以及价格低廉等优点而受
到许多研究者的广泛关注,多种基于光纤模间干涉仪的微位移传感器应
运而生[11-13]。目前基于光纤模间干涉仪的微位移传感器按原理分主要

有以下两类：①干涉型位移传感器：主要通过测量干涉谱峰值的漂移情况来进行位移检测；②强度型位移传感器：主要通过测量衰减峰峰值的大小来进行位移检测。一般情况下，干涉型位移传感器比强度型位移传感器具有更高的灵敏度和精确度。基于普通锥形光纤的模间干涉仪可用作干涉型位移传感器[14-16]，然而由于普通锥形光纤同时受环境温度和外界位移量的影响[14-17]，因此在温度变化的环境中就会存在严重的交叉灵敏度问题，并最终导致位移量检测结果不精确。采用微纳尺度的超细锥形光纤可以很好地解决这一问题。5.4.2 节中我们理论分析了锥形微纳米光纤模间干涉仪不受环境温度影响的条件，并制备了一个受温度变化基本可以忽略不计的干涉仪样品。本节将利用该样品来研究锥形微纳米光纤模间干涉仪的位移传感特性，从而解决普通锥形光纤位移传感器存在的交叉灵敏度问题。

1. 理论分析

对于基于微纳米光纤的弯曲结构，保持其一端锥形弯曲部分的位置不变，在另一端的锥形弯曲部分施加位移量 ε，如图 5-19 所示。

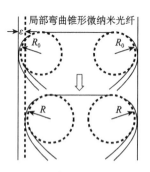

图 5-19　微纳米光纤弯曲结构用于微位移传感的结构示意图

从图中可以看出，施加位移量 ε 后，微纳米光纤两端弯曲部分的弯曲半径由初始的 R_0 增大为 R，同时该弯曲微纳米光纤模间干涉仪的有

效干涉长度也减小了 ε。根据几何学知识(图 5-20),有如下关系式:

$$(R_0 + x)^2 + (R - R_0 + \varepsilon)^2 = R^2 \tag{5-7}$$

设弯曲的锥形过渡区的长度保持不变,则根据椭圆周长的近似计算公式有

$$\pi(R_0 - \varepsilon) + 2[(R_0 + x) - (R_0 - \varepsilon)] = \pi R_0 \tag{5-8}$$

由式(5-8)可知 $x \approx 0.6\varepsilon$,因此锥形弯曲部分弯曲半径的变化量(ΔR)可以表示为

$$\Delta R = R - R_0 = \frac{1.36 R_0 \varepsilon + 1.2 \varepsilon^2}{2(R_0 - \varepsilon)} \tag{5-9}$$

取微纳米光纤弯曲部分的初始弯曲半径 $R_0 = 3\mathrm{mm}$,图 5-21 为位移量与弯曲半径变化量之间的对应关系曲线。由于位移量 ε 非常小,满足 $\varepsilon \ll R_0$,因此弯曲半径变化量(ΔR)与施加的位移量 ε 近似曾呈线性关系,即满足 $\Delta R \approx 0.6\varepsilon$。

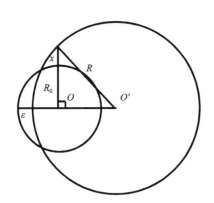

图 5-20　微纳米光纤弯曲半径变化的几何示意图

根据第 3 章的理论分析以及本章 5.3 节的实验结果可知,当微纳米光纤的锥形区域的弯曲半径发生改变时,相应的基模与各高阶模的耦合状况也会发生变化,从而改变各模式之间的有效折射率差。以双模干涉

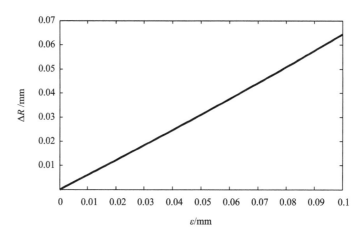

图 5-21　微纳米光纤位移量与弯曲半径变化量之间的对应关系曲线

的情况为例,位移使得基模 HE_{11} 模与最低次高阶模 HE_{21} 模的有效折射率差 δn_{eff} 发生改变,根据式(5-2)和式(5-3)可以得出干涉峰的波长随弯曲半径变化的计算公式:

$$\frac{\Delta\lambda}{\lambda} = \left(\frac{1}{\delta n_{eff}}\frac{d\delta n_{eff}}{dR} + \frac{1}{L}\frac{dL}{dR}\right)\Delta R \qquad (5\text{-}10)$$

为研究位移对具有弯曲结构的微纳米光纤双模干涉仪中的基模与最低次高阶模之间的有效折射率差所产生的影响,我们用数值方法计算了波长为 $1.55\mu m$ 时,具有不同初始弯曲半径和弯曲锥区直径的弯曲微纳米光纤中 HE_{11} 模与 HE_{21} 模的有效折射率差 δn_{eff} 随其弯曲半径变化的曲线,见图 5-22。计算中将锥形弯曲部分的有效折射率分布用如下公式表示[18]

$$n = n_0\left[1 + (1+\chi)x/R\right] \qquad (5\text{-}11)$$

其中,n_0 为光纤处于平直状态下的有效折射率分布;R 为锥形区的弯曲半经;x 是由弯曲的弧线中心指向光纤中心的横坐标,而 $\chi=-0.22$ 表示二氧化硅材料的弹光系数。

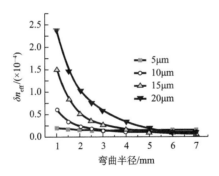

图 5-22　波长为 $1.55\mu m$ 时具有不同初始弯曲半径和弯曲锥区直径的弯曲微纳米光纤中 HE_{11} 模与 HE_{21} 模的有效折射率差 δn_{eff} 随其弯曲半径变化的曲线

从图中可以看出,在保持其他条件不变的情况下,锥形光纤弯曲部分的光纤直径 d 越大或是初始的弯曲半经 R_0 越小,其模式之间的有效折射率差对弯曲半经变化的响应灵敏度越高。同时,模式之间的有效折射率差 δn_{eff} 随着弯曲半经 R 的增大而减小。

2. 实验结果

为了避免环境温度影响实验测量的精确性,我们采用前面给出的对温度不灵敏的微纳米光纤模间干涉仪样品(即几何尺寸为束腰区直径 $d_0 \approx 1.92\mu m$,束腰区长度 $L_0 \approx 8mm$)来研究其位移传感特性。图 5-23 为实验装置的实物图及示意图。

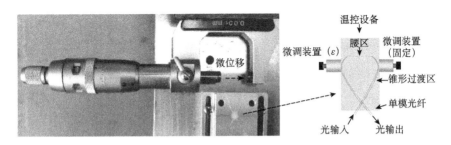

图 5-23　实验装置的实物图及示意图

该锥形微纳米光纤模间干涉仪的两个对称弯曲部分的弯曲半经约

为 3mm,我们将其固定好并放置在一个测量精度为 1μm 的螺旋测微器的中间,调整螺旋测微器的位置以及粗调旋钮,使得微纳米光纤一端的弯曲部分紧贴在螺旋测微器的小砧处,而另一端弯曲部分紧贴于螺旋测微器的测微螺杆处,然后用一个磁性底座将该螺旋测微器固定。将微纳米光纤的一端接到一个宽谱光源上,而另一端连接到光谱仪(OSA)上,该光谱仪的型号为 Yokogawa AQ6370B。调节螺旋测微器的微调旋钮从而给弯曲的微纳米光纤施加步进为 1μm 的位移量,同时用 OSA 记录下相应的光谱图。图 5-24(a)为该模间干涉仪波长为 1.5559μm 处的干涉峰随外施位移量变化的漂移情况,尽管每次施加的位移量非常小(仅为 1μm),我们依然可以看出干涉峰发生了非常明显的漂移。外施位移量使得模间干涉仪的有效干涉长度 L 变短,同时也使得微纳米光纤弯曲部分的弯曲半径 R 增大,从而最终导致相互干涉的模式之间的有效折射率差 δn_{eff} 变小,根据式(5-3),其干涉峰波长随位移量的增加向长波长的方向漂移,实验结果与理论推导结果相符。图 5-24(b)为干涉峰波长漂移量与位移量之间的对应关系。在 0~30μm 位移范围内,干涉峰波长漂移了约 3.07nm。波长漂移量与位移量呈近似线性的关系,其位移传感的灵敏度约为 102pm/μm。

　　将上述实验结果与近年来各种基于光纤模间干涉仪的位移传感器的各项性能指标进行对比,见表 5-2。通过对比,我们可以发现,弯曲双锥形微纳米光纤位移传感器具有不受环境温度影响、插入损耗低、灵敏度高等优点。

表 5-2　近年来基于光纤模间干涉仪位移传感器的性能比较

基于锥形光纤的位移传感器结构	器件构成	温度特性	灵敏度	备注
 参考文献[12]	在单模光纤中熔入一段泡子晶体光纤，在第一个熔接点处采用错位的熔接方式	受环境温度的影响很小，具有很好的温度稳定性	0.0024dB/μm	强度型位移传感器，插入损耗大
 参考文献[13]	在单模光纤中熔入一段保偏光纤，采用错位熔接	环境温度对位移传感造成的误差约为 5.5×10^{-5} dB/μm，受环境温度的影响较小	−0.669dB/μm	强度型位移传感器，插入损耗大

续表

参考文献	器件结构	器件构成	温度特性	灵敏度	备注
参考文献[11]	 基于锥形光纤的位移传感器结构	在单模光纤中熔入一段多模光纤	对环境温度变化的灵敏度感应约为 11.6 pm/℃	5.89 pm/μm	干涉型位移传感器,插入损耗较大
参考文献[15]		两根光纤突变锥的级联	会受到环境温度的影响	56 pm/μm	干涉型位移传感器,插入损耗很小

续表

基于锥形光纤的位移传感器结构	器件构成	温度特性	灵敏度	备注
 参考文献[16]	S 形锥形光纤	会受到环境温度的影响	—91 pm/μm	干涉型位移传感器，插入损耗较大
 参考文献[7]	将一根双锥形微纳米光纤弯曲而成	对环境温度变化灵敏度为 0.45 pm/℃，具有很好的温度稳定性	102 pm/μm	干涉型位移传感器，插入损耗较小

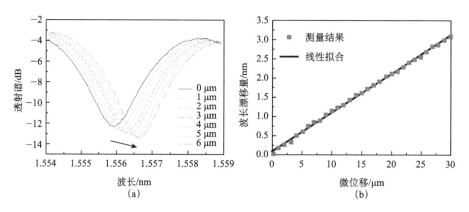

图 5-24　(a)实验测量的温度稳定型模间干涉仪波长为 $1.5559\mu m$ 处干涉峰随外施位
移量变化的漂移情况和(b)干涉峰波长漂移量与位移量的对应关系曲线

　　进一步,为测试该模间干涉器件在微位移传感方面的稳定性和可靠性,我们重复上述实验过程,研究了结构参数为 $d_0 \approx 4.8\mu m$、$L_0 \approx 6mm$、$L_t \approx 3mm$ 的弯曲微纳米光纤模间干涉仪的微位移传感特性。对比前后两个不同芯径(d_0 分别为 $1.92\mu m$ 和 $4.8\mu m$)模间干涉仪在相同位移量下的干涉峰漂移情况(图 5-25),可以发现,在保持其他条件不变的情况下,弯曲微纳米光纤的芯径越大,其位移传感灵敏度越高。

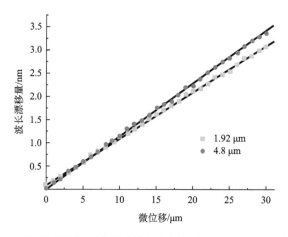

图 5-25　不同芯径模间干涉仪在施加相同位移量下的干涉峰漂移情况

5.5　本章小结

本章详细介绍了实验室中制备锥形微纳米光纤的工艺及设备,利用该工艺设备制备了一种具有弯曲结构的锥形微纳米光纤模间干涉仪,同时实验研究了该器件的传输谱特性以及各种传感特性(包括折射率传感特性、温度特性和微位移传感特性),并对实验原理进行了详细的理论分析。结果表明,该光纤器件具有结构简单、制作容易、成本低,可重复率高和可重构性好等优点。在传感应用领域,其在折射率为 $1.333\sim$ 1.3424 的范围内的传感灵敏度达到 658nm/RIU,优于其他基于锥形光纤的折射率传感器。我们通过合理设计工作波长和微纳米光纤的束腰直径等参数可以获得基本不受外界温度变化影响的模间干涉仪(其温度响应灵敏度约为 $0.45\mathrm{pm}/^{\circ}\mathrm{C}$),从而解决了该光纤器件用于位移传感器时在温度变化的环境中存在的严重的交叉灵敏度问题。其位移传感的灵敏度约为 $102\mathrm{pm}/\mathrm{\mu m}$,由于该光纤器件受外界温度的影响非常小,因此具有较好的位移测量精确度。以上工作分别发表在 *Applied Physics Express*[6] 和 *IEEE Photonics Journal* 上[7]。进一步的实验测试表明,弯曲微纳米光纤模间干涉仪在折射率和微位移传感方面具有较好的稳定性和可靠性,且微纳米光纤芯径越小,其折射率传感灵敏度越高;相反,微纳米光纤芯径越大,其微位移传感灵敏度越高。

参 考 文 献

[1] 邱宁婴．甘油水溶液的折光率与比重的关系．国外医学·药学分析,1979,

(1):62-63.

[2] Tian Z B, Yam S S-H, Barnes J, et al. Refractive index sensing with Mach-Zehnder interferometer based on concatenating two single-mode fiber tapers. IEEE Photon. Technol. Lett. ,2008,20(8):626-628.

[3] Wu D, Zhu T, Deng M, et al. Refractive index sensing based on Mach-Zehnder interferometer formed by three cascaded single-mode fiber tapers. Appl. Opt. ,2011, 50(11):1548-1553.

[4] Lu P, Chen Q Y. Femtosecond laser microfabricated fiber Mach-Zehnder interferometer for sensing applications. Opt. Lett. ,2011,36(2):268-270.

[5] Yang R, Yu Y S, Xue Y, et al. Single S-tapered fiber Mach-Zehnder interferometers. Opt. Lett. ,2011,36(23):4482-4484.

[6] Luo H M, Li X W, Zou W W, et al. Modal interferometer based on a C-shaped ultrathin fiber taper for high-sensitivity refractive index measurement. Appl. Phys. Express,2012,5:012502-1-012502-3.

[7] Luo H M, Li X W, Zou W W, et al. Temperature-insensitive microdisplacement sensor based on locally bent microfiber taper modal interferometer. IEEE Photonics Journal,2012,4(3):772-778.

[8] Chen Y, Xu F, Lu Y Q. Teflon-coated microfiber resonator with weak temperature dependence. Opt. Express,2011,19(23):22923-22928.

[9] Baltes H, Brand O, Fedder G K, et al. Book Series Advanced Micro & Nanosystem. Germany: Wiley-VCH,2004-2006.

[10] Levy O, Steinbery B Z, Nathan M, et al. Ultrasensitive displacement sensing using photonic crystal waveguides. Appl. Phys. Lett. ,2005,86(10):104102.

[11] Xu Z, Cao L, Gu C, et al. Micro displacement sensor based on line-defect res-

onant cavity in photonic crystal. Opt. Express,2006,14(1):298-305.

[12] Wu Q,Hatta A M,Wang P,et al. Use of a bent single SMS fiber sturcture for simultaneous measurement of displacement and temperature sensing. IEEE Photon. Technol. Lett. ,2011,23(2):130-132.

[13] Dong B, Hao J. Temperature-insensitive and intensity-modulated embedded photonic-crystal-fiber modal-interferometer-based microdisplacement sensor. J. Opt. Soc. Am. B,2011,28(10):2332-2336.

[14] Zhong C,Chen C,You Y, et al. Temperature-insensitive optical fiber two-dimensional micrometric displacement sensor based on an in-line Mach-Zehnder interferometer. J. Opt. Soc. Am. B,2012,29(5):1136-1140.

[15] Kieu K Q,Mansuripur M. Biconical fiber taper sensors. IEEE Photon. Technol. Lett. ,2006,18(21):2239-2241.

[16] Tian Z, Yam S S H. In-line abrupt taper optical fiber Mach-Zehnder interferometric strain sensor. IEEE Photon. Technol. Lett. ,2009,21(3):161-163.

[17] Yang R,Yu Y S,Xue Y,et al. Single S-tapered fiber Mach-Zehnder interferometers. Opt. Lett. ,2011,36(23):4482-4484.

[18] Yariv A. 现代通信光电子学 . 北京:电子工业出版社,2009.

第6章 结 束 语

本章在总结全文工作的基础上,阐述了本书的主要创新点,并对后继工作提出展望,给出了初步的技术路线。

6.1　本书主要工作

本书主要研究基于微纳米工艺技术的新型光纤模间干涉器件的工作原理、制备过程和功能特性。以具有微纳米结构的两种典型光纤模间干涉器件(长周期光纤光栅和锥形光纤)中模式与耦合特性的理论分析为基础,采用相应的微纳米工艺技术,分别设计和制备了覆盖高折射率液晶微纳米涂覆层的 LPFG 和具有弯曲结构的锥形微纳米光纤模间干涉仪两种新型光纤器件,并对这两种光纤器件的功能特性进行了深入的研究,通过与同类传统尺寸结构的光纤器件性能的比较验证了上述新型光纤器件在功能上的优越性。本书主要工作总结如下:

6.1.1　覆盖高折射率微纳米涂敷层的 LPFG 的理论分析与实验研究

采用四层模型 LPFG 的耦合模理论,阐述了覆盖高折射率微纳米涂敷层结构的 LPFG 的模式间的耦合及其耦合方程,对不同高折射率微纳米涂敷层厚度和折射率时 LPFG 的传输谱进行了数值模拟和特性分析。

书中重点分析了不同内包层厚度下,谐振峰波长与微纳米涂敷层折射率的关系。分析发现,谐振峰波长对涂覆层折射率变化的感应灵敏度与其包层模阶数有关,阶数越高的谐振峰对折射率变化越敏感。在适当的涂敷层厚度及折射率参数下,LPFG 处于模式迁移区域,此时谐振峰波长对涂敷层折射率变化是很敏感的,利用 LPFG 的这一特性,可以实现对 LPFG 谐振峰波长的大范围调谐。

基于上述理论分析基础,提出将液晶材料作为长周期光纤光栅微纳米涂敷层的实验方案;通过实验测量液晶在不同环境温度下的折射率;采用简单的刷涂工艺在长周期光纤光栅表面制备了不同厚度的液晶涂敷层;利用模式迁移效应,实验上实现了对覆盖微纳米液晶涂敷层长周期光纤光栅的大范围热光及电光调谐,并将仿真计算的结果与实验结果进行了比较。

6.1.2 具有弯曲结构的锥形微纳米光纤的理论分析与实验研究

从理论上深入研究了锥形微纳米光纤的弯曲效应,用阶梯近似法和直波导等效法分析了具有弯曲结构的锥形微纳米光纤的传输特性,包括弯曲锥形过渡区域的绝热条件和非绝热状态下弯曲锥形区域的模式耦合以及不同结构参数下的弯曲锥形微纳米光纤模间干涉仪的传输谱的数值仿真。

利用实验室自行研发的微纳米光纤拉伸系统制备了具有不同锥长和束腰半径的微纳米光纤;详细阐述了基于局部弯曲的锥形微纳米光纤的模间干涉仪的实验制备过程,实验研究了它们的温度特性以及高灵敏度折射率和微位移传感特性,并利用上述理论方法对实验结果进行了分析和说明,最后通过与其他同类器件的比较说明该器件在性能上的优越性。

6.2　研究主要创新点

(1)提出将液晶作为 LPFG 表面纳米涂覆层材料,并采用简单的刷涂工艺在长周期光纤光栅表面制备了不同厚度的液晶涂敷层。实验研究结果表明,覆盖约 800nm 厚度的液晶涂敷层的长周期光纤光栅在 58~60℃的温度范围内会出现模式跳变现象,在此区域内,该光纤器件对温度具有非常高的响应灵敏度。书中利用这一特性,设计并实现了在特定温度下的长周期光纤光栅的大范围电光调谐,最大调谐范围达到约 10nm。基于传统三层 LPFG 模型的分析方法,本书引入高折射率微纳米涂敷层构成四层 LPFG 结构,并采用四层模型中的模式迁移理论对上述实验结果进行了较好的验证。

(2)在直锥形微纳米光纤中引入 C 形弯曲结构,该结构的引入使得基于锥形光纤的模间干涉仪在结构上具有灵活性;同时,由于束腰区的直径达到微纳米尺度,有相当一部分光的能量以倏逝场的形式在微纳米光纤的表面传播,这一特性使得该器件成功地应用于高灵敏度折射率传感,其折射率传感的灵敏度达到 658nm/RIU,相比于已有文献报道的基于锥形光纤模间干涉结构的折射率传感器件,弯曲锥形微纳米光纤折射率传感器具有结构体积小、插入损耗低和灵敏度高等优点。

(3)理论分析与实验研究发现,当弯曲锥形微纳米光纤的束腰区直径为~1.92μm 时,其干涉谱基本不随环境温度变化,为温度不敏感点。

这一现象可用于开发一些新型的光纤传感器件,如微位移传感器,其传感灵敏度达到 $102\text{pm}/\mu\text{m}$,相比于已有文献报道的基于光纤模间干涉仪的位移传感器,该微位移传感器具有更高的测量精确度。

6.3　工　作　展　望

本书就基于微纳米工艺技术的新型光纤模间干涉器件的设计、制备和潜在的应用领域方面做了一些研究和探索。然而,就光纤器件制备中的微纳米工艺技术以及基于该工艺技术的新型光纤器件,还有很多工作尚未展开,许多有意义的工作有待进一步深入挖掘。主要集中在以下几点:

(1)进一步完善现有的微纳米尺度光纤器件的制作工艺和开发新的微纳米加工技术。微纳米工艺技术是实现微纳米光器件的关键点之一。现有微纳米技术的完善和新型微纳米工艺的出现将推动微纳米尺度的光纤器件的进一步发展,并启发新型微纳米光纤器件的开发,同时各种新型微纳米尺度光纤器件的涌现又不断地对微纳米技术提出了新的要求。同一种微纳米光纤器件或结构可以用不同的微纳米加工技术实现,但很多技术还处于实验室的研发阶段,缺乏能保证高成品率的可控性和稳定性且工艺成本较高,无法满足工业界的大规模生产的需要。另一方面,针对不同的加工材料,需要不同的加工技术。因此,如何尽量在降低经济成本的情况下获得可控性高且稳定的微纳米加工工艺,还有待更深入的研究。

(2)新型光纤模间干涉器件的集成化。为满足大容量信息及通信系统的要求,具有尺寸小、可靠性高、能耗小、成本低等优点的可集成光子器件成为近年来的研究热点。光集成器件的兴起和发展将会对光纤通信的发展产生巨大的推动作用,也是光纤器件发展的一个重要方向。

(3)基于锥形微纳米光纤的光子器件的封装研究。由于微纳米光纤对外界环境非常敏感,因此需要将其置于一个与外界隔离的稳定环境中,采用低折射率材料可将微纳米光纤器件封装,这是获得可靠度高的微纳米光纤器件必须解决的问题。